KB272515

우리 회사 AI 전환, 어떻게 시작할까?

현신균, LG CNS 사장

AI 전환은 이제 새로운 기술을 도입하는 문제가 아니라, 기업의 전략과 실행 방식을 다시 설계해야 하는 경영의 과제가 되었습니다. 이러한 흐름 속에서 LG CNS는 다양한 산업의 고객들과 함께 디지털 전환과 AX를 실제로 구현해 왔으며, 이 책의 저자 또한 그 과정에 현장에서 참여해 왔습니다. 컨설턴트로서 기업들의 AI 전환을 자문하는 역할에 그치지 않고, 다수의 프로젝트와 인력을 이끄는 컨설팅 조직을 운영했으며, 이후에는 기업 내부에서 AI 전환을 직접 추진하는 입장에서도 경험을 쌓아 왔습니다. 조언하는 자리와 책임지는 자리를 모두 거쳐 온 저자의 시선은 이 책 전반에 자연스럽게 녹아 있습니다.

이 책은 생성형 AI 활용을 출발점으로 삼아, 기업 맞춤형 AI로 나아가기까지의 흐름을 경영과 실행의 관점에서 풀어냅니다. 무엇을 도입할 것인가보다, 왜 지금 이 선택이 필요한지, 그리고 조직과 업무에 어떤 변화를 만들어야 하는지를 묻습니다. 전략을 제안하는 입장과 이를 실제로 추진하는 입장을 모두 경험해 온 저자의 문제의식은, AI 전환을 고민하는 경영진과 실무 책임자에게 현실적인 기준과 방향성을 제시해 줄 것입니다.

문홍기, PwC컨설팅 대표

컨설팅 현장에서 만나는 기업들은 AI의 필요성에는 공감하지만, 실제로 어디부터 손을 대야 할지 여전히 혼란을 겪고 있습니다. 저자와는 이러한 고민을 안고 있는 기업들의 AX 과제를 오랜 기간 함께 다루며 협업해 왔고, 그 과정에서 기술보다 문제 정의와 실행 구조가 중요하다는 점을 반복적으로 확인해 왔습니다.

PwC컨설팅은 다양한 산업의 고객들과 AX를 추진하며 전략 수립을 넘어 실제 변화로 이어지는 사례들을 축적해 왔습니다. 현장에서 확인한 공통된 교훈은 분명합니다. 성과를 가르는 것은 기술의 수준이 아니라, 기업이 무엇을 바꾸려 하는지에 대한 명확한 기준입니다. 이 책은 바로 그 지점을 차분하게 짚어 줍니다. 유행하는 기술을 나열하기보다, 기업이 지금 어떤 질문을 던져야 하고 어떤 선택을 해야 하는지를 중심으로 이야기를 풀어갑니다. 실제 고객 사례들을 돌아보더라도, 이 책에서 제시하는 관점과 접근법은 현장에서 충분히 실질적인 도움이 될 것이라 생각합니다. AX를 고민하는 경영진과 실무자에게 신뢰할 수 있는 기준점을 제시하는 책으로 추천합니다.

'우리 회사에서는 AI를 잘 쓰고 있는가?'

어느 순간부터 이런 질문이 머릿속을 떠나지 않았습니다. 휴대폰을 보면 이미 많은 분들이 ChatGPT나 Gemini 같은 서비스를 자연스럽게 쓰고 있습니다. 최근에는 Perplexity까지 함께 사용하는 경우도 흔해졌습니다. 누가 시키지 않아도 각자에게 맞는 도구를 찾아 쓰고, 미묘한 버전 차이를 이야기하며 활용법을 공유하는 모습도 낯설지 않습니다. 특히 젊은 직원들에게 AI는 더 이상 새로운 기술이 아니라, 이미 일상에 스며든 도구처럼 보입니다. 겉으로 보면 세상은 확실히 AI 시대로 들어선 것 같습니다.

그런데 회사로 들어오는 순간, 분위기는 사뭇 달라집니다. 출입 게이트를 지나면 마치 시간이 거꾸로 흐르는 듯한 기분이 들 때가 많습니다. 언론에서는 다른 회사들이 AI를 통해 인력을 줄이고 비용을 절감했다는 기사가 연일 쏟아지지만, 정작 우리 회사 안에서는 무엇이 달라지고 있는지 쉽게 체감되지 않습니다. 밖에서는 모두가 AI를 쓰고 있다는데, 회사의 보안망은 여전히 막혀 있고, 직원들이 개인 휴대폰으로 AI에게 업무를 물어보는 상황이 은근한 관행처럼 자리 잡아 버렸습니다. 혁신은 늘 담장 밖 이야기이고, 사무실 안의 풍경은 큰 변화 없이 이어지고 있는 셈입니다.

ChatGPT가 세상을 놀라게 한 지도 어느덧 3년이 넘었습니다. 사람들이 본격적으로 AI를 배우고 실무에 던져진 지도 벌써 4년 차에 접어들었습니다. 학교에 비유하자면 이제 4학년으로 올라가는 길목에 선 셈입니다. 하지만 같은 학년이라도 학생들마다 차이는 분명히 있는 것처럼, 어떤 사람은 이미 여러 도구를 조합해 자기 방식으로 AI를 다루는 반면, 어떤 사람은 아직도 용어와 개념 정도만 확인하는 단계에 머물러 있습니다. 누구는 4, 5학년의 수준이고, 누구는 아직 1, 2학년에 머물러 있는 셈입니다. 이 차이는 개인의 학습 속도 차이를 넘어, 점점 조직 전체의 경쟁력과도 연결되고 있습니다.

이 책을 쓰는 저는 AI 엔지니어가 아닙니다. 새로운 알고리즘을 설계하거나, 모델의 성능을 소수점 단위로 개선하는 일을 해 온 사람도 아닙니다. 저는 업무혁신 컨설턴트로 그리고 지금은 현업 책임자로, 기업 현장에서 AI 및 디지털기술의 도입과 전환을 동료들과 함께 고민하고 추진해왔습니다. 기술 자체보다도, 그 기술을 실제 조직에서 어떻게 적용해야 하는 지를 그리고 계획이나 의도와 다르게 어떤 오해와 문제가 생기는 지를 보고, 경험할 기회가 상대적으로 많이 있었습니다.

"이걸 어떻게 설명해야 이해가 될까?", "완벽하진 않지만, 이 정도면 첫걸음은 되지 않을까?"

현장에서 이런 질문을 수없이 되뇌어 왔습니다. 그러다 보니 한 가지 사실을 자주 실감하게 됩니다. 기술을 쉽게 설명하는 순간, 어떤 부분은 반드시 단순화될 수밖에 없습니다. 모든 것을 빠짐없이 설명하려 하면, 오히려 많은 것을 이해하지 못하는 상황이 벌어집니다. 저는 100% 정확한 설명으로 일부만 이해시키는 것보다는, 다소 쉽고 단순하더라도 대부분이 방향을 잡을 수 있게 돕는 편이 낫다고 생각해 왔습니다. 이 책 역시 그런 선택의 연장선에서 쓰였습니다.

그래서 이 책은 코드를 직접 다루는 개발자를 위한 책은 아닙니다. 최신 논문이나 모델 구조를 깊이 파고드는 학술서도 아닙니다. 대신, AI를 직접 만들지는 않지만 도입 여부를 판단해야 하고, 그 결과에 책임져야 하는 분들을 위한 책입니다. 기업의 혁신을 고민하는 임원과 관리자, AI·데이터·디지털을 맡고 있는 실무 책임자들이 현장의 언어로 AI를 바라볼 수 있도록 돕고자 했습니다.

이 책은 참고서 뒤에 붙어 있는 '정답지'라기보다는, 내가 서 있는

●●우리 회사 AI 전환, 어떻게 시작할까?

위치가 어디인지, 목적지까지 가려면 어떤 산맥과 강줄기를 넘어야 하는지를 알게 해주는 '사회과부도'에 가깝습니다.

이 책을 통해 모든 해답을 제시하려는 생각은 없습니다. 다만, AI라는 거대한 흐름 앞에서 최소한 어떤 질문을 던져야 할지는 함께 정리해 보고 싶었습니다. "이 기술이 최신인가?"가 아니라 "이 기술이 우리 회사의 판단과 결정에 실제로 영향을 주고 있는가?"를 물어야 합니다. "AI를 쓰고 있는가?"가 아니라 "AI가 우리의 일하는 방식 안에 녹아들어 있는가?"라는 질문을 던져야 합니다.

AI를 왜 도입해야 하는지 장황하게 설득하거나, 우리 현실과 동떨어진 화려한 성공 사례를 나열할 생각은 없습니다. 그보다는 왜 생각만큼 잘되지 않는지, 투자한 만큼 성과가 보이지 않는지 이유를 솔직하게 짚어보려 했습니다. 수많은 시행착오를 경험하며 기록해 둔, 일종의 '오답 노트'를 함께 읽는다고 생각하셔도 좋습니다.

기업의 상황은 제각각이지만, 막막함이 생기는 현상은 많이 닮아 있습니다. 어떤 기업은 최고경영자가 직접 나서 전사적인 투자를 선언하고, 외부 컨설팅과 전담 조직을 동시에 가동하며 빠르게 움직입니다. 특히 든든한 IT 계열사를 보유한 대기업들은 전문가들의 밀착 지원을 받으며 한발 앞서 나갑니다.

하지만 그 화려함 이면에는 불편한 현실이 숨어 있습니다. 대외적으로는 AI가 회사의 명운을 가를 만큼 중요하다고 강조하면서도, 정작 사업 상황이 조금만 어려워지면 어쩔 수 없이 예산과 조직부터 축소되는 경우가 많습니다. 결국 AI 도입은 전사의 핵심 전략이 아니라, 특정 부서가 홀로 감당해야 할 숙제로 남겨지곤 합니다.

비단 예산만의 문제도 아닙니다. 설령 대기업 계열사라 해도 그룹 내에서 주력 사업이 아니라는 이유로 우선순위에서 밀려나면, 정작 필요한 시점에 적절한 도움 한 번 받지 못하는 처지가 됩니다. 이렇듯 체계적인 지원을 기대하기 힘든 대다수 기업은 출발선에서부터 갈피를 잡지 못한 채 서성일 수밖에 없습니다. 이는 비단 기업 규모의 문제만은 아닐 것입니다.

그 사이 세상은 더욱 분주해졌습니다. 국가는 AI를 미래 성장 동력으로 삼겠다며 대규모 예산을 이야기하고, 해외 빅테크 기업들은 연일 새로운 기술을 발표합니다. 이제는 일상적인 서비스에도 자연스럽게 'AI'라는 이름이 붙습니다. 하지만 같은 이름을 쓴다고 같은 성격의 AI는 아닙니다. 이 넘쳐나는 정보 속에서 기업은 무엇부터 봐야 할지 다시 고민해야 합니다.

이 책은 바로 그런 고민에서 출발했습니다. 수많은 AI 기술을 기업의 시선으로 다시 나누어 보고, 기업에 의미 있는 영역이 어디인지 정리해 보고 싶었습니다. 개인적인 사정으로 한동안 가족과 떨어져 지내며 예상치 않게 혼자만의 시간이 생겼고, 현장에서 적어 두었던 메모들을 하나씩 꺼내 정리할 수 있게 되었습니다. 덕분에 미뤄 두었던 숙제를 마무리할 수 있었습니다.

저는 AI를 우리 회사에서 어떻게 써야 현실적인 도움이 되는지를 계속 고민하고 추진하는 사람입니다. 보고보다 결과가 중요하고, 떠들썩하게 만드는 것보다는 많은 사람들이 자연스럽게 사용하면서 성과로 연결되는 것이 더 중요하다고 생각합니다. 그래서 이 책은 적용하고 사용하는 사람의 관점에서 쓰였습니다. 개발자의 언어가 아니라, 의사결정자의 언어로 AI를 바라보고자 했습니다.

그렇게 주말마다 한 줄 한 줄 써 내려가며 지키고자 했던 방향은

'복잡한 이론은 최소화하고, 의사결정에 필요한 전체 판(Landscape)을 정리하자'는 것입니다.

AI를 깊이 있게 알지는 못하더라도, 전체적인 지형도는 이해해야 합니다. 그래야만 우리 회사의 문제 해결을 위해 어디에 얼마나 돈을 써야 하는지, 사람은 얼마나 필요한지, 시간은 얼마나 걸릴지에 대한 '감'과 '판단력'이 생기기 때문입니다. 기업마다 업종도 다르고 AI를 받아들일 준비 수준도 다릅니다. 그래서 이 책은 어려운 이론이나 논문에 나올 법한 알고리즘 이야기는 최소화하고, 각 기업의 상황에 맞춰 쉬운 것부터 당장 내일이라도 적용할 수 있는 실용적인 내용들로 눌러 담으려고 노력했습니다.

이 책은 '우리 회사의 AI 전환을 어떻게 시작할까?'를 고민하는 분들을 위해 만들었습니다. 책장을 넘기는 동안 회사의 내일을 위한 작지만 의미 있는 영감을 마주하시길 바랍니다. AI를 막연히 어려워하던 '수포자'에서 비즈니스의 점수를 따내는 진짜 'AI 능력자'로 거듭날 여러분의 여정을 진심으로 응원합니다.

목차 CONTENTS

우리 회사 AI 전환,

어떻게 시작할까?

제1장

우리 회사에서는 AI를 잘 활용하고 있을까?

제대로 활용하지 못하는 이유

우리는 회사에서 AI를 잘 쓰고 있는지에 대해서 자주 물어보곤 합니다. "그 회사는 AI를 어떻게 쓰고 있어?" 사람에 따라 어떤 회사는 잘 쓰고 있다고 하고, 어떤 회사는 계획 중이라고 하며, 어떤 경우에는 그냥 얼버무리기도 합니다. 질문도 모호하지만, 답변도 매우 주관적이 됩니다. 직원 중에 몇 명이 ChatGPT를 잘 쓰고 있기 때문에 우리 회사는 AI를 잘 쓰고 있다고 말할 수도 있습니다. 다른 회사들은 불량품을 찾아내는 데 AI를 사용하고 있다는데, 우리는 그런 시스템을 구축하지 않았으니 아직 AI를 도입하지 않았다고 말할 수도 있습니다.

그렇다면 우리 회사는 왜 AI를 제대로 쓰지 못하고 있다고 느끼는 걸까요? 제가 현장에서 만나본 많은 분들은 대부분 비슷한 이유를 이야기합니다. "AI를 도입하고 싶어도 현실적인 문제들이 너무 많다"는 것입니다.

가만히 들어보면, 그 이유들은 크게 세 가지 '변명'으로 분류할 수 있습니다.

첫째, '돈과 자원'이 없다고 합니다.

가장 먼저, 그리고 가장 쉽게 나오는 이야기는 역시 비용과 인프라입니다. "AI를 학습시키려면 고성능 서버나 비싼 GPU가 필요한데, 우리 회사는 그런 자원이 없습니다", "초기 투자 비용이 너무 비싸서 엄두가 안 납니다."라고 합니다. 당장 돈과 직결된 문제를 지적합니다. 중소기업일수록 이 장벽은 더 크게 느껴집니다.

설령 장비가 있다고 해도, AI의 '연료'가 되는 데이터가 엉망이라는 변명도 단골손님입니다.

이 '데이터 문제'는 흥미롭게도 두 가지 상반된 형태로 나타납니다.

한쪽에서는 "AI가 학습할 데이터가 절대적으로 부족합니다"라고 말합니다. 반면, 다른 한쪽에서는 "우리 회사는 지난 20년간 데이터를 충분히 쌓아 왔습니다"라고 자신합니다.

하지만 막상 그 '충분한 데이터'를 들여다보면, 현실은 처참한 경우가 많습니다. 그들이 말하는 '충분한 데이터'란 그저 서버에 저장만 되어 있을 뿐, AI가 도저히 '먹을 수 없는' 상태인 경우가 대부분입니다.

결국 "AI가 학습할 데이터가 부서마다 흩어져 있습니다"(데이터 사일로), "데이터는 쌓여 있는데, 형식이 제각각이고(비표준화), 뭐가 중요한지 라벨링도 안 되어 있어 당장 사용할만한 정보가 없습니다"라는 결론으로 귀결됩니다.

즉, 데이터가 '없어서' 못하는 것이든, '충분하다고 착각했지만 쓸모없어서' 못하는 것이든, 본질은 같습니다. AI에 쓰레기를 넣으면 쓰레기가 나온다는 말처럼, AI가 즉시 활용할 수 있는 깨끗한 '연료'가 준비되지 않았다는 것입니다.

둘째, '사람과 문화'가 문제라고 말합니다.

자원 문제가 아니면, 조직 내부로 공을 돌립니다. "AI를 다룰 줄 아는 전문가가 없습니다"라는 인력 부족 문제는 가장 고전적인 이유입니다. 대기업에 비해 전문가 확보가 어려운 중소기업은 이 문제를 더 심각하게 느낍니다.

전문가가 없으면 내부 인력을 교육해야 하는데, 이 역시 쉽지 않습니다. "직원들이 기존 업무 방식에 너무 익숙해서 변화를 싫어합니다"라는 조직의 저항에 부딪힙니다. 심지어 "AI가 내 일자리를 위협할 것"이라는 막연한 불안감도 변화를 가로막는 심리적 장벽으로 작용합니다. "경영진부터 AI의 실제 능력과 한계를 정확히 이해하지 못하는데 어떻게 전사적으로 도입하나요?"라며 리더십의 무관심을 지적하기도 합니다.

셋째, '전략과 정책'이 발목을 잡는다고 합니다.

마지막 유형은 보이지 않는 '틀'의 문제입니다. "명확한 목표나 ROI(투자 대비 효과)도 없는데 무작정 시작할 수는 없습니다"라며 전략의 부재를 이야기합니다. AI 도입은 종종 그 효과가 불분명한 실험으로 시작되는데, 당장의 성과를 중시하는 조직에서는 이 '불확실성'을 감수하기 어려운 것입니다.

특히 금융이나 의료, 공공 분야에서는 "보안과 개인정보 규제 때문에 외부 AI는 아예 시도조차 못 합니다"라며 정책의 문제를 방패막이로 삼습니다. "AI가 내놓은 결과를 어떻게 신뢰하나요? 오작동하면 누가 책임지나요?"라며 AI의 신뢰성과 검증 문제를 제기하기도 합니다.

물론 앞에 나열한 이유들은 모두 AI 도입을 가로막는 중요하고 현실적인 장벽입니다. 회사마다 환경이 다르니 이 문제들은 당연히 존재합니다.

하지만 이 문제들이 모두 해결되어야만 AI를 시작할 수 있을까요?

꼭 그렇지는 않습니다.

사실, ChatGPT나 Gemini 같은 생성형 AI는 이런 거창한 준비 없이도 당장 오늘부터 구독해서 사용할 수 있습니다. 정보보안에 대한 내부 의사결정만 있다면 말입니다. 이미 우리가 매달 비용을 내고 쓰는 포토샵이나 엑셀, 노션에 탑재된 AI 기능들도 그냥 사용법을 익히면 그만입니다.

그렇다면 왜 우리는 이 '쉬운 AI'조차 제대로 활용하지 못하면서 '어려운 장벽'들만 탓하고 있을까요?

어쩌면 이러한 장벽들보다 더 근본적인 문제가 있습니다. 바로 AI 도입을 너무 거창하고 어려운 일로만 생각하는 경향입니다.

많은 기업이 '기업용 AI'라고 하면, 반드시 복잡한 알고리즘을 설계하고 사내 데이터를 대규모로 학습시키는 '맞춤형 AI'를 처음부터 구축해야만 한다고 생각합니다. 반면, ChatGPT와 같은 생성형 AI는 개인이 쓰는 편리한 도구, 혹은 업무와는 거리가 있는 일종의 '장난감' 정도로 치부해 버립니다.

"생성형 AI는 그냥 글이나 요약해 주는 것뿐이고, 진짜 기업 AI는 제조 공정이나 수요 예측처럼 우리가 직접 모델을 만들어야 하는 것 아니야?" 이런 선입견이 여전히 조직 곳곳에 남아 있습니다.

오늘날 많은 기업이 AI 도입을 망설이는 이유는, 의도적으로 변화를 미루기 때문이 아닙니다. 오히려 어디서부터 시작해야 하는지, 지금 하고 있는 시도가 맞는 방향인지, 이것이 단순한 실험인지, 아니면 전환의 출발점인지조차 판단하기 어려운 상태에 놓여 있기 때문입니다.

그래서 회의실에서는 종종 이런 말들이 오갑니다.

"데이터가 아직 정리되지 않았어."
"조직 문화가 AI를 받아들일 준비가 안 됐어."
"전사 전략이 먼저 정리돼야 하지 않을까?"

이 말들의 공통점은 '하지 않겠다'가 아니라, '무엇을 기준으로 시작해야 할지 모르겠다'는 혼란입니다. 그리고 문제는 그 이유들이 틀려서가 아니라, 그 모든 조건이 완벽하게 갖춰진 상태는 애초에 존재하지 않는다는 점입니다.

AI 전환(AX)은 모든 준비가 끝난 뒤 시작되는 일회성 프로젝트가 아니라, 시작하는 과정 속에서 기준을 세우고, 시행착오를 통해 점진적으로 방향을 잡아가는 변화입니다. 다음 절에서는 이러한 오해를 하나씩 짚어보며, 기업에서의 AI 전환이 무엇을 의미하는지, 그리고 개인의 AI 활용과 조직 차원의 전환이 어떻게 다른지를 살펴보겠습니다.

개인의 AI 활용과
기업의 AX는 어떻게 다른가?

앞 절에서 살펴본 것처럼, 많은 기업은 AI 도입을 망설이기보다 어디서부터 시작해야 하는지에 대한 기준을 찾지 못해 서 있는 상태에 가깝습니다. 이 혼란의 핵심에는 하나의 착각이 있습니다. 개인이 AI를 잘 활용하는 것과, 기업이 AI 전환(AX)을 한다는 일을 같은 선상에서 바라보는 것입니다. 겉으로 보기에는 같은 기술을 쓰는 것처럼 보이지만, 두 가지는 목적도, 접근 방식도, 감당해야 할 책임의 무게도 전혀 다릅니다.

개인은 AI를 매우 자유롭게 사용합니다. 일상 업무를 빠르게 처리하기 위해 활용하거나, 새로운 지식을 배우고 단순한 호기심을 채우는 용도로 쓰기도 합니다. 어떤 사람은 출근길에 ChatGPT로 회의 내용을 요약하고, 또 다른 사람은 자기소개서를 다듬거나 새로운 아이디어를 구상합니다. 이처럼 개인의 활용은 가볍지만 빠르고, 무엇보다 '본인이 느끼는 효율'이 가장 중요한 기준이 됩니다.

AI는 개인에게 앱처럼 다가옵니다. 노트북에서 ChatGPT를 켜거나, 스마트폰에서 Perplexity를 검색하듯 바로 접근할 수 있습니다. 별도의 보안 설정이나 복잡한 설치 과정 없이도 바로 사용할 수 있다는 점이 큰 장점입니다. 덕분에 개인은 시행착오를 두려워하지 않고 자유롭게 실험할 수 있습니다.

개인은 AI의 정확성에 대한 부담이 상대적으로 적습니다. AI가 틀린 답을 내놔도 "이건 좀 이상하네"라고 생각하며 바로 다른 질문을 던지면 됩니다. 실수의 비용이 크지 않기 때문입니다. 반면 기업은 다릅니다. 고객 응대나 재무 보고 같은 영역에서 AI가 잘못된 답을 내면 신뢰와 금전적 손실이 동시에 발생할 수 있습니다.

데이터의 성격에서도 차이가 있습니다. 개인이 다루는 데이터는 대체로 공개 정보나 개인 노트, 문서 수준에 머뭅니다. 민감도가 낮기 때문에 큰 보안 이슈가 발생하지 않습니다. 반면 기업은 방대한 고객 데이터, 계약 문서, 내부 재무 정보 등을 다루기에 철저한 보안 정책과 접근 통제가 필수적입니다.

개인은 새로운 AI 앱이 나오면 바로 써봅니다. 흥미가 없으면 삭제하면 그만입니다. 그러나 기업은 AI를 도입하기 위해 파일럿 프로젝트를 진행하고, 보안팀의 검토와 내부 교육을 거쳐야 합니다. 한 번의 변화가 조직 전체의 프로세스를 바꿀 수도 있기 때문입니다.

개인은 누구의 허락도 필요 없습니다. 마음먹으면 바로 AI를 활용할 수 있습니다. 하지만 기업은 경영진의 승인 없이는 쉽게 움직이기 어렵습니다. AI 도입은 비용과 리스크가 따르는 중요한 결정이기 때문입니다.

AI를 바라보는 관점 역시 다릅니다. 개인은 "이것을 쓰면 내 일이 좀 더 편해질까?"를 먼저 생각합니다. 반면 기업은 "이게 우리 회사에 문제를 일으키진 않을까?"를 먼저 고민합니다. 같은 기술을 앞에 두고도

출발점이 완전히 다를 수 있습니다.

개인은 AI와 '파트너십'을 맺습니다. 하루 계획을 세울 때 도움을 받거나, 아이디어를 구상하며 함께 대화하는 식입니다. 기업은 AI를 업무 프로세스 안에 포함시켜, 시스템적으로 작동하도록 만들어야 합니다.

결국 개인이 AI를 잘 활용한다는 것은, AI를 삶 속에서 나를 확장시키는 도구로 삼는다는 뜻입니다. 기업이 AI를 잘 활용한다는 것은, 기술을 단순한 효율화 수단이 아니라 조직의 전략과 문화 안에 녹여내는 일입니다.

즉, 개인에게 AI는 '친구'이고, 기업에게 AI는 '시스템'입니다. 같은 기술이라도 그 관계의 온도가 다릅니다. 개인은 AI를 통해 스스로를 확장하고, 업무나 일상에서 즉각적인 효율과 창의성을 얻습니다. 하지만 기업은 그렇게 단순히 접근할 수 없습니다. 조직 차원의 AI 활용은 수많은 이해관계와 절차, 그리고 리스크 관리 속에서 이루어지기 때문입니다.

이러한 차이점 때문에 기업의 AI 전환(AX, AI Transformation)은 단순히 개인이 AI를 잘 사용하는 것과는 전혀 다른 차원의 과제가 됩니다. 개인이 AI를 '친구'처럼 실험하며 배우는 과정이라면, 기업은 그것을 '체계'로 설계하고 운영해야 합니다. 구성원들의 역량을 모으고, 프로세스를 조정하며, 데이터 거버넌스를 세워야 합니다. 개인의 창의적 실험이 자발성과 속도에 있다면, 기업의 변화는 구조와 일관성, 그리고 지속 가능성 위에서 움직여야 합니다. 결국 이 온도의 차이는 기업이 AI를 전략적으로 다루어야 하는 이유이자, 개인의 사용 경험만으로는 설명되지 않는 조직적 AI 전환의 본질을 보여줍니다.

기업의 AX는 무엇인가?

기업의 **AX**(AI Transformation)는 인공지능을 조직 전반에 전략적으로 도입해, 업무 방식·비즈니스 모델·고객 경험 혁신을 목표로 하는 전환을 의미합니다. **DX**(Digital Transformation)가 아날로그 프로세스의 디지털화와 업무 효율성을 강조했다면, **AX**는 AI가 조직의 '두뇌'가 되어 예측, 판단, 실행 등 기업 전반을 근본적인 변화로 이끄는 것을 목표로 합니다. 핵심은 단순히 **AI** 솔루션을 추가하는 게 아니라, **AI**를 활용한 의사결정·자동화·데이터 활용 역량을 끌어올려 경쟁 우위를 창출하는 것입니다.

여러 글로벌 기업과 기관은 **AX**를 각자의 관점에서 다음과 같이 정의하고 있습니다.

- 마이크로소프트(Microsoft)는 AI를 통해 조직의 데이터 기반 의사 결정 능력을 강화하고, 새로운 비즈니스 가치를 창출하는 전략적 여정으로 정의합니다. 특히, AI를 활용하여 직원들의 잠재력을 끌어올리는 것을 중요하게 생각합니다.
- IBM은 AI를 업무 혁신과 자동화를 위한 핵심 기술로 보고, 이를 통해 기업의 효율성을 극대화하고 새로운 성장 동력을 찾는 과정으로

설명합니다. IBM은 특히 기업 맞춤형 AI 솔루션과 클라우드 기반 AI 서비스를 제공하며 AX를 지원합니다.

- 맥킨지 앤 컴퍼니(McKinsey & Company)는 AI를 새로운 가치 창출 엔진으로 인식하고, 기업의 경쟁력을 재정의하는 총체적인 변화로 정의합니다. 맥킨지는 AX를 기술 도입뿐만 아니라 조직 구조, 인재 관리, 리더십 변화를 포함하는 종합적인 변혁으로 강조합니다.
- 가트너(Gartner)는 AI를 비즈니스 프로세스에 통합하여 운영 효율성을 높이고 고객과의 상호작용을 개선하는 전략적 투자로 간주합니다. 가트너는 AX를 단순한 프로젝트가 아닌, 지속적인 기술 및 비즈니스 혁신의 과정으로 설명합니다.

다음은 AX를 추진하기 위해서 통상적으로 고려해야 하는 요소들입니다.

AX 추진을 위한 고려요소	
요소	설명
전략 통합	AI 기술이 조직의 미션, 비전, 경쟁 우위 확보 전략 안에 포함됨. 표면적 도구가 아니라 사업 전략, 비즈니스 모델, 가치 제안(value proposition)의 변화와 연결됨.
운영 및 프로세스 변화	반복적이고 규칙적인 업무 자동화, 예측 분석, 프로세스 최적화, 공급망·생산·고객서비스 같은 업무 흐름 개선 등이 포함됨.
데이터 및 기술 인프라	AI가 쓸 데이터를 수집·정제·보관·해석하는 역량. 클라우드, AI/ML 플랫폼, 실험, 모델 배포 체계, 거버넌스 등이 중요함.
인적 요소	직원들이 AI를 활용할 수 있게 역량 교육, 역할 변화, AI 윤리 및 책임, 조직의 변화 수용성 등이 포함됨.
혁신 및 제품/ 서비스 변화	AI를 통해 새로운 고객 경험, 서비스 자동화, 새로운 제품/ 서비스 개발, 새로운 비즈니스 모델 실험 등이 가능해짐.
지속 가능성 & 규제 준수	보안, 프라이버시, AI 윤리, 책임성, 법·규제의 준수 및 위험 관리가 필수적임.

앞에서 살펴본 것처럼 기업마다 AX를 정의하는 방식과 강조점은 조금씩 다르며, 추진 과정에서 고려하는 요소 또한 산업과 조직의 상황에 따라 다양하게 나타납니다. 기술 중심으로 접근하는 경우도 있고, 조직과 업무 변화에 초점을 두는 사례도 있습니다. 이러한 차이는 AX가 단일한 정답이나 표준 모델로 설명될 수 있는 개념이 아니라는 점을 보여줍니다. 그러나 다양한 정의와 고려 요소를 종합해 보면, 기업에서 AX를 추진하는 데에는 공통된 흐름이 있으며, 다음과 같은 목표들로 정리해 볼 수 있습니다.

- **생산성 향상**: 반복적이고 비효율적인 업무를 자동화하여 직원들이 더 창의적이고 부가가치가 높은 일에 집중할 수 있도록 합니다.

- **새로운 가치 창출**: AI 기반의 맞춤형 제품과 서비스를 개발하고, 새로운 비즈니스 모델을 탐색하여 시장에서 경쟁 우위를 확보합니다.

- **의사결정 최적화**: 데이터 분석 및 예측을 통해 더 빠르고 정확한 의사결정을 내리고, 시장 변화에 민첩하게 대응합니다.

- **고객 경험 개선**: 초개인화된 추천시스템, 챗봇 등을 활용하여 고객에게 개인화된 경험을 제공하고 만족도를 높입니다.

국내 기업들의 AX 동향

국내를 대표하는 기업들은 이미 AI를 '도입'하는 단계를 넘어, 기업의 체질 자체를 바꾸는 '전환(Transformation)'의 핵심 동력으로 삼고 있습니다.

삼성전자의 최근 AX 전략은 고객이 만나는 제품 혁신에 그치지 않고, 기업 내부의 일하는 방식까지 아우르는 전방위적인 변화를 지향하고 있습니다.

가장 먼저 눈에 띄는 것은 제품과 서비스 영역에서의 가치 혁신입니다. 삼성전자는 모바일과 생활가전을 통합한 '지능형 생태계'를 구축하여 소비자의 삶을 바꾸고 있습니다. 갤럭시 시리즈에 적용된 '온디바이스 AI'는 통신 연결 없이도 실시간 통역과 같은 기능을 제공하며 스마트폰을 개인화된 비서로 진화시켰고, 이러한 흐름은 냉장고나 세탁기 등 생활가전 영역인 '비스포크 AI'로 자연스럽게 확장되었습니다. 기기들이 사용자의 생활 패턴을 스스로 학습하고 서로 연결되어 집안 환경을 능동적으로 제어하는 등, AI는 이제 단순한 하드웨어 스펙 경쟁을 넘어 소비자가 체감할 수 있는 새로운 차원의 편리함을 제공하고 있습니다.

이러한 혁신의 흐름은 기업 내부 깊숙한 곳, 즉 임직원들의 업무 현장으로도 이어집니다. 거대해진 조직이 더 기민하게 움직일 수 있도록 사내 업무 시스템에도 AI를 적극적으로 도입하고 있는 것입니다. 특히 삼성전자가 자체 확보한 '삼성 가우스' 기술을 기반으로 개발자들의 코딩 업무를 지원하거나, 문서 요약, 번역, 메일 작성 등 일반 사무 업무를 돕는 도구들을 구축해 활용하고 있습니다. 이는 단순히 업무를 편하게 만드는 것을 넘어, 임직원들이 반복적인 작업에서 벗어나 더 창의적인 문제 해결에 집중할 수 있도록 조직 문화를 근본적으로 바꾸려는 시도입니다.

결국 삼성전자는 밖으로는 지능화된 제품으로 고객 경험을 혁신하고, 안으로는 자체 기술을 활용해 일하는 문화를 혁신하며 기업의 체질 자체를 AI와 소프트웨어 중심으로 빠르게 전환하고 있는 것입니다.

현대자동차그룹은 자동차를 '달리는 스마트폰'으로 재정의했습니다. 이들은 SDV(소프트웨어 중심 자동차) 전환을 선언하며, AI를 모빌리티 혁신의 핵심 축으로 삼았습니다. 싱가포르의 글로벌 혁신센터에서는 엔비디아(NVIDIA)와 협력해 현실 공장을 가상 공간에 똑같이 구현한 디지털 트윈을 도입했습니다. 이를 통해 작업자가 없이도 로봇과 AI가 조립 공정을 최적화하고, 불량을 사전에 예측하는 미래형 공장, 즉 'AI 팩토리'를 현실화하고 있습니다.

포스코는 굴뚝 산업이라 불리는 철강 제조업을 가장 스마트하게 바꾸고 있는 대표 주자입니다. 이들은 기존의 스마트 팩토리를 넘어, 조업의 전 과정을 AI가 제어하는 '인텔리전트 팩토리(Intelligent Factory)'로의 진화를 목표로 합니다. 포스코DX와 AWS 등의 협력을 통해 숙련된 엔지니어의 감(感)에 의존하던 제철 공정을 데이터 기반의 정밀 제어 시스템으로 전환하고 있으며, 위험한 현장 업무를 AI와 로봇에게 맡겨 안전과 효율을 동시에 잡고 있습니다.

LG전자는 AI를 조금 다른 시각에서 정의합니다. 최근 경영진은 AI를 '공감지능(Affectionate Intelligence)'이라 부르며, 단순한 기술적 지능을 넘어 고객을 배려하고 공감하는 서비스로의 전환을 강조했습니다. 이는 AX가 단순히 내부 업무 효율화에 그치는 것이 아니라, 고객이 경험하는 제품과 서비스의 본질을 혁신하는 도구여야 함을 보여줍니다. LG전자는 이를 위해 전사적인 데이터 통합과 일하는 방식의 변화를 강력하게 추진하며 AX의 속도를 높이고 있습니다.

'AI를 잘 쓴다'는 것의 진짜 의미

이제 이 장의 처음으로 돌아가 보겠습니다. "우리 회사에서는 AI를 잘 활용하고 있을까?"라는 질문이었습니다.

이 질문에 답하기 위해 우리는 AI 도입을 가로막는 여러 변명들을 살펴보았고, 개인의 AI 활용과 기업의 AI 전환이 왜 본질적으로 다른지도 짚어보았습니다. 또한 국내 선도 기업들이 AI를 대하는 태도를 통해, 'AI를 잘 쓴다'는 것이 단순한 유행이나 도구의 문제가 아니라는 점도 확인했습니다.

삼성, 현대차, 포스코, LG와 같은 기업들의 사례는 한 가지 공통점을 보여줍니다. 그들은 AI를 '실험해 보는 기술'로 다루지 않습니다. AI를 조직의 전략, 현장의 운영 방식, 그리고 비즈니스 모델 속에 녹여내기 위해 전사적으로 움직이고 있습니다. 즉, AI는 일부 부서의 프로젝트가 아니라, 회사 전체의 방향성과 연결된 문제로 다뤄지고 있습니다.

이 지점에서 질문에 대한 답은 비교적 분명해집니다. 만약 우리 회사가 AI 도입을 막는 변명 뒤에 숨어, 직원들의 개별적인 AI 활용을 그저

지켜보기만 하고 있다면, 우리는 아직 AI를 잘 활용하고 있다고 말하기 어렵습니다. AI를 쓰는 사람이 늘었다고 해서, 기업이 변한 것은 아니기 때문입니다.

반대로, 생성형 AI처럼 진입 장벽이 낮은 기술부터라도 당장 사용해 보면서, 동시에 이를 기업의 경쟁력으로 연결하기 위한 방향을 고민하고 있다면 이야기는 달라집니다. 완벽한 준비가 끝난 뒤 시작하는 것이 아니라, 쓰는 과정 속에서 기준을 세우고 전략을 다듬어 가고 있다면, 그 자체로 이미 올바른 출발선에 서 있다고 볼 수 있습니다.

결국 'AI를 잘 쓴다'는 것은 값비싼 시스템을 가졌다는 뜻이 아닙니다. AI를 통해 우리 회사의 문제를 해결하려는 명확한 전략과 실행 의지를 가지고 있느냐의 문제입니다.

이 책에서 말하는 'AI를 잘 활용한다'는 것은 몇 가지로 정리할 수 있습니다. 값비싼 시스템을 도입했는지가 아니라, AI를 통해 무엇을 바꾸려는지에 대한 문제의식이 있는가, AI를 기존 업무에 덧붙이는 데서 그치지 않고 업무의 흐름과 판단 구조를 다시 설계하고 있는가, 그리고 그 변화를 일회성이 아니라 지속적인 개선의 과정으로 받아들이고 있는가입니다.

AI는 목표가 아니라 수단이며, 활용의 성패는 기술보다 방향과 태도에서 갈립니다.

이제 우리는 첫 번째 질문에 대한 기준을 세웠습니다. 다음 장에서는 이 기준을 바탕으로, 우리 회사에 지금 정말 필요한 AI는 무엇인지, 어떤 종류의 AI를 어떤 순서로 고민해야 하는지를 보다 구체적으로 살펴보겠습니다. 질문은 끝났고, 이제 선택의 단계로 넘어갑니다.

제2장

지금 우리 회사에 필요한 AI는?

'AI'라는 단어의
안개를 걷어내자

요즘 회사에서 "AI를 도입해야 합니다"라는 말은 너무도 쉽게 나옵니다. 하지만 그 말이 오가는 순간, 회의실 안의 사람들은 서로 다른 장면을 떠올리고 있는 경우가 많습니다. 누군가는 단순한 자동화 도구를 생각하고, 누군가는 인간처럼 대화하는 인공지능을 떠올립니다. 같은 단어를 쓰고 있지만, 같은 이야기를 하고 있지는 않은 셈입니다.

영화 〈이미테이션 게임〉에 등장하는 초기 튜링 테스트 수준의 기계와, 영화 〈Her〉 속에서 인간과 감정을 나누고 교감하는 인공지능은 전혀 다른 존재입니다. 그럼에도 우리는 이 둘을 모두 같은 'AI'라는 이름으로 부릅니다. 계산을 빠르게 수행하는 기계와, 외로움을 이해하고 위로를 건네는 존재가 하나의 단어로 묶여 있는 것입니다.

이렇다 보니 'AI'라는 말은 점점 도깨비 방망이 같은 단어가 됩니다. 누군가에게 AI는 당장 다음 분기 성과를 바꿀 수 있는 현실적인 도구이고, 또 다른 누군가에게는 아직 오지 않은 미래의 이야기입니다. 어떤 사람은 AI를 이야기하며 머리속에서 비전이 가득한 그림을 그리지만, 다른 한편에서는 "그게 지금 우리 회사에서 되겠어?"라며 고개를 젓습니다.

문제는 이 간극이 단순한 의견 차이를 넘어, 기대의 엇갈림으로 이어진다는 점입니다.

누군가는 AI에 과도한 기대를 걸고 모든 문제의 해답을 찾으려 하고, 누군가는 지나치게 회의적인 태도로 아예 논의 자체를 무시해 버립니다. 같은 'AI'라는 단어를 두고, 한쪽에서는 미래를 말하고 다른 쪽에서는 현실을 말하는 상황이 반복됩니다.

이런 상태에서는 생산적인 대화가 이루어지기 어렵습니다. AI에 대한 논의는 많아지는데, 결정은 늦어지고, 시도는 단편적으로 흩어집니다. 무엇을 기대해야 하는지에 대한 합의가 없으니, 성공과 실패를 판단하는 기준도 흐려집니다. AI를 도입했는지 여부만 남고, 왜 시작했는지는 점점 희미해집니다.

이 장에서는 AI의 정의를 새로 만들기보다는, 이미 한 번쯤 들어봤고, 어렴풋이 알고 있다고 느끼는 내용들이 오히려 너무 많이 겹쳐 있는 상태를 잠시 들여다보려 합니다. 관심을 갖고 지켜본 사람일수록, 서로 다른 수준과 성격의 기술들이 'AI'라는 이름 아래 한데 섞여 있다는 느낌을 받아왔을 것입니다. 이 장에서는 그 복잡하게 엉켜 있는 생각들을 하나씩 꺼내어, 함께 묶여 있고, 헷갈리고 있는 부분들을 함께 정리해보도록 하겠습니다.

안개 속에서는 멀리 있는 것과 가까이 있는 것이 구분되지 않습니다.

크기도, 방향도 쉽게 헷갈립니다. AI를 둘러싼 논의가 자주 엇갈리는 것도, 많은 사람들이 전혀 몰라서라기보다는 이미 알고 있는 것들이 한꺼번에 포개져 있기 때문일지 모릅니다. 이제부터는 그 안개를 조금 옅게 만들어, 같은 단어를 쓰더라도 서로 다른 것을 떠올리고 있지는 않은지 살펴보겠습니다.

다음 절에서는 기업이 AI를 고민할 때 자연스럽게 마주하게 되는 선택지, 즉 이미 만들어진 AI를 가져다 쓰는 것이 적절한지, 아니면 우리 회사에 맞게 만들어야 하는지에 대해서 고민해보겠습니다. 생각이 정리될수록, 선택의 기준도 조금씩 또렷해질 것입니다.

사서 쓸 것인가,
만들어서 쓸 것인가

AI 기술은 하루가 다르게 쏟아지지만, 기업의 의사결정 관점에서는 일단 두 가지로 구분하면 됩니다. 바로 돈을 내고 구독해서 바로 쓰는 '구독형 AI'와 우리 회사의 조건에 맞춰 직접 만드는 '구축형 AI'입니다. 이 차이는 옷으로 비유하면 구독형 AI는 백화점에서 바로 살 수 있는 기성복과 같고, 구축형 AI는 양복점에서 내 몸에 맞춰 제작하는 맞춤정장과 같습니다. 우리가 옷을 고를 때 예산과 용도, 그리고 내 몸에 얼마나 잘 맞는지를 따지듯 AI 도입도 이 기준에서 시작해야 합니다.

첫 번째는 사서 쓰는 구독형 AI, 즉 SaaS(AI as a Service)형입니다. 이는 이미 만들어진 AI 서비스를 구독료만 내고 바로 사용하는 가장 쉽고 빠른 접근 방식입니다. 기업 현장에서는 사용자의 접근 방식에 따라 다시 두 가지로 나눌 수 있습니다.

우선 범용으로 사용할 수 있는 생성형 AI가 있습니다. 우리가 흔히 접하는 ChatGPT, Claude, Gemini처럼 별도의 웹사이트나 앱으로 접속해서 사용하는 서비스형 AI를 말합니다. 이는 마치 유능한 만능 비서를 한 명 고용하는 것과 같습니다. 글쓰기, 번역, 요약 등 일반적인 업무에 탁월하며, 별도의 설치 없이 로그인만 하면 바로 쓸 수 있다는 점이 강점입니다. 비유하자면 마트나 백화점에서 사는 기성복과 같습니다. 누구나 입을 수 있게 표준 사이즈로 잘 만들어져 있어, 사자마자 바로 입고 나갈 수 있습니다.

다음은 솔루션 내장형 AI입니다. Microsoft 365 Copilot이나 Adobe Firefly처럼 이미 사용 중인 소프트웨어 안에 AI 기능이 추가된 형태입니다. 이는 6장에서 더 자세히 다루겠지만, 별도의 AI 앱을 실행할 필요 없이 기존 업무 화면 안에서 바로 AI의 도움을 받을 수 있습니다. 사용자는 새로운 툴을 배울 필요가 없고, 익숙한 엑셀이나 워드 환경에서 버튼 하나만 눌러 작업을 이어갈 수 있습니다. 이는 업무 흐름이 끊기지 않는다는 점에서 큰 장점이 있습니다. 비유하자면 기존 자동차에 풀옵션 기능이 추가된 경우와 같습니다. 타던 차는 그대로인데 자율주행 옵션이 들어가 운전이 훨씬 편해지는 것과 같습니다.

두 번째는 만들어서 쓰는 구축형 AI, 즉 커스텀 AI(Custom AI)입니다. 우리 회사의 고유한 데이터를 학습시켜 우리만의 특수한 문제를 해결하기 위해 직접 개발하는 방식입니다. 예를 들어 공장의 불량 검출 시스템이나 은행의 이상 거래 탐지 시스템 등이 여기에 해당합니다. 이 영역은 단순히 대화형 AI를 만드는 것뿐만 아니라, 4장에서 깊이 있게 다룰 분석형 AI나 예측형 AI가 주로 활약하는 무대이기도 합니다. 우리 회사의 비밀스러운 데이터를 다루거나 남들과는 다른 독보적인 경쟁력을 확보해야 할 때 선택합니다.

　　• •우리 회사 AI 전환, 어떻게 시작할까?

구축형 AI는 마치 양복점에서 맞추는 맞춤 정장과 같습니다. 치수를 재고 가봉하는 시간이 필요하고 값도 비싸지만, 내 몸에 딱 맞아 핏이 살아나고 세상에 단 한 벌뿐인 옷을 만드는 과정입니다. 데이터를 모으고 AI를 가르치고 사내 시스템에 연결하는 공사가 필요하지만, 완성되면 경쟁사가 흉내 낼 수 없는 강력한 자산이 됩니다.

AI의 종류는 너무 다양해서 기술적으로 분류하기가 쉽지 않습니다. 하지만 비즈니스 리더라면 일단 쉽게 가게에서 상품을 사듯이 돈을 내면 바로 사용할 수 있는 형태와, 각자 회사의 환경과 데이터를 고려해서 만들어서 사용하는 형태로 구분하는 것이 가장 실용적입니다.

한눈에 보는 AI 선택 가이드		
구분	생성형 AI (Service)	솔루션 내장형 AI (Embedded)	구축형 AI (Custom)
비유	기성복 (사서 바로 입음)	풀옵션 자동차 (타던 차 업그레이드)	맞춤 정장 (내 몸에 딱 맞게 제작)
대표 선수	ChatGPT, Claude, Gemini	MS Copilot, Adobe Firefly	불량 검출 AI, 수요 예측 AI
접근 방식	별도 웹/앱 접속 (로그인 필요)	기존 업무 SW 내 기능 실행	사내 시스템 및 서버 구축
도입 방식	구독 (계정 생성)	기능 활성화 (라이선스 추가)	개발 및 구축 (SI 프로젝트)
장점	즉시 사용 가능, 높은 범용성	별도 학습 불필요, 업무 흐름 유지	우리 회사 데이터 최적화, 높은 정확도
주요 용도	아이디어 도출, 초안 작성, 번역	문서/메일 자동화, 디자인 보조	정밀 분석, 예측, 핵심 공정 자동화
관련 챕터	3장	6장	4장, 5장

기업이 AI로 달성해야 할 4가지 핵심 가치

오늘날 기업들은 하루가 멀다 하고 쏟아지는 새로운 AI 기술과 타사의 성공 사례를 보며 조급함을 느낍니다. "우리도 빨리 도입해야 하지 않을까?", "저 기술을 쓰면 우리도 변할 수 있을까?" 하는 고민이 경영진의 머릿속을 맴돕니다. 새로운 AI 제품이 출시되거나 외부 전문가의 제안이 들어오면 이를 즉각적으로 검토하고 도입하려는 움직임도 흔히 볼 수 있습니다.

하지만 개별에만 매몰되다 보면, 정작 중요한 '방향'을 잃기 쉽습니다. 무분별한 도입은 AI를 단기적인 실험이나 유행에 그치게 만들 위험이 크며, 오히려 조직의 비효율을 초래할 수도 있습니다. AI 도입은 단순히 기술을 선택하는 문제가 아니라, 기업의 비즈니스 목표 달성을 위해 AI가 어떤 '가치(Value)'를 창출할 것인지를 정의하는 것에서 시작해야 합니다.

이러한 정의가 선행되어야 전략적 방향을 설정하고, 투자 우선순위를 결정하며, 조직의 역량을 합리적으로 배분할 수 있습니다. 우리는 기업이

AI를 통해 얻을 수 있는 핵심 가치를 다음 네 가지 목표로 정의할 수 있습니다.

- 생산성 혁신(Productivity): 더 적은 자원과 시간으로 일의 질을 높이고, 같은 노력으로 더 큰 성과를 내는 방식의 전환
- 운영 최적화(Optimization): 조직의 비효율과 낭비 요소를 제거하여 비용을 절감
- 비즈니스 성장(Growth): 기존 제품이나 서비스를 혁신하여 새로운 매출을 창출
- 고객 관계 강화(Engagement): 고객 만족도를 높여 브랜드 충성도와 생애 가치를 극대화

이 네 가지 목표는 AI 도입을 막연한 '기술 실험'이 아닌 실질적인 '경영 혁신의 도구'로 바라보게 하는 이정표가 될 것입니다.

생산성 혁신은 '더 많이'가 아니라 '더 가치 있게' 일하는 것

AI 도입의 효과를 가장 빠르고 직접 피부에 와닿게 느낄 수 있는 목표는 바로 '생산성 혁신'입니다. 이는 단순히 시간을 단축하는 차원을 넘어, 반복적이고 소모적인 업무를 AI에게 맡김으로써 직원들이 단순 노동에서 벗어나 보다 창의적이고 전략적인 고민에 시간을 쏟게 만드는 것입니다. 즉, '일의 양'을 늘리는 것이 아니라 '일의 질'을 근본적으로 바꾸는 것이 핵심입니다.

품질 관리 현장은 단순 확인을 넘어 심층 분석으로 진화하고 있습니다. 과거에는 품질 관리자가 수많은 불량 데이터를 일일이 확인하고 유형별로 분류한 뒤 문서를 작성하느라, 정작 중요한 분석 업무에 집중할 시간이 부족했습니다. 하지만 생성형 AI 도입 후, AI가 불량 유형을 자동 분류하고 보고서 초안까지 생성해 줍니다. 그 결과 담당자는 단순 반복 업무에서 해방되어 불량 원인을 심층 분석하고 개선안을 도출하는 핵심 업무에 집중할 수 있게 되었으며, 이는 직무 만족도 향상으로도 이어집니다.

AI는 또한 데이터를 경영의 언어로 바꾸며 의사결정의 속도를 획기적으로 높이고 있습니다. 포스코는 사내 데이터를 학습한 자체 생성형 AI인 'P-GPT'와 업무 자동화 솔루션인 'A.WORKS'(RPA)를 결합해 일하는 방식을 혁신했습니다. 과거에는 담당자가 며칠씩 데이터를 취합해 엑셀로 만들던 실적, 비용, 예산 보고서를 이제는 AI가 매일 아침 자동으로 작성해 배포합니다. 덕분에 관리자는 단순 현황 파악이 아니라, AI가 정리해 준 데이터를 바탕으로 핵심 이슈를 논의하는 데 시간을 쓸 수 있게 되었습니다.

회의와 보고 문화는 '적는 일'에서 '실행하는 일'로 바뀌고 있습니다. 기획 및 사무 업무에서도 AI는 든든한 파트너가 되어줍니다. 한 대형 유통기업은 회의록 요약 AI를 도입하여 회의 문화 자체를 바꿨습니다. 이전에는 회의가 끝나면 누군가가 녹음 파일을 다시 듣고 정리하느라 많은 시간을 썼지만, 이제는 AI가 주요 논의 내용과 결정 사항을 자동으로 요약하고 문서화합니다. 그 결과 회의 후속 조치 속도가 두 배

이상 빨라졌으며, 직원들은 받아 적는 수동적인 업무보다 결정된 사항을 실행하는 능동적인 업무에 집중하게 되었습니다.

　문서 작성과 기획 단계에서도 AI가 생각의 마중물이자, 표준화의 중심축으로 자리 잡고 있습니다. 한 대기업에서는 AI를 활용해 각 부서에서 제각각 작성하던 보고서를 통일된 포맷으로 자동 변환하고 있습니다. AI가 사내 문서 규칙을 학습해 내용을 정리함으로써 문서의 일관성이 유지되고 품질 또한 상향 평준화되었습니다. 콘텐츠 기획 분야에서도 AI의 지원은 유용합니다. 기획자가 주제를 입력하면 AI가 관련 시장 자료와 경쟁사 동향을 자동으로 정리해 초안을 제공해주어, 직원은 백지 상태에서 고민하기보다 전략적 판단에 에너지를 집중할 수 있습니다.

　또한 교육과 역량 강화 측면에서도 AI의 역할이 커지고 있습니다. 금융업계에서는 신입사원 교육에 대화형 AI 튜터를 도입하여, 직원이 업무 중 모르는 내용을 언제든 AI에게 질문하고 즉각적인 피드백을 받을 수 있게 했습니다. 이는 교육 담당자의 부담을 줄이는 동시에 신입 직원의 적응 속도를 높이는 생산성 혁신의 좋은 예입니다.

낭비를 제거하여
이익률을 높이는 운영 최적화

　개인의 생산성을 높이는 것을 넘어, 조직 전체가 톱니바퀴처럼 매끄럽게 돌아가게 만드는 데에도 AI는 핵심적인 역할을 합니다. 이를 우리는 '운영 최적화(Optimization)'라고 부릅니다. 부서 간에 단절된 데이터(Silo)를 연결하고 통합적으로 분석함으로써, 조직의 민첩성을 높이고 비용을 절감하여 이익을 극대화하는 것이 목표입니다.

AI는 공급망과 생산 데이터를 유기적으로 연결해 흐름의 병목을 해소합니다. 공급망과 생산 관리에서 그 효과는 극대화됩니다. 삼성전자는 전사 ERP 시스템에 AI를 연동하여 생산, 구매, 물류 데이터를 통합 분석하고 있습니다. 과거에는 각 부서가 데이터를 따로 관리하여 전체 흐름을 파악하기 어려웠지만, 이제는 데이터가 하나로 연결되면서 자재 소요량과 생산 계획이 자동으로 조정됩니다. 이를 통해 60분이 걸렸던 업무를 10분 만에 해결해 속도가 향상되는 가시적인 성과를 거두었습니다.

재무와 회계 분야에서는 꼼꼼함이 필요한 검증 업무를 AI가 대신하고 있습니다. 현대자동차는 AI OCR 기술을 활용해 수천 건의 전표를 자동으로 분류하고, 오류나 이상 거래 가능성이 있는 항목을 찾아냅니다. 시스템이 1차적인 검증을 마쳐주기 때문에 담당자는 단순 입력이나 대조 작업에서 벗어나 최종 승인과 예외 사항 관리에만 집중할 수 있게 되었고, 처리 속도는 대폭 빨라졌습니다.

생산 현장에서는 더욱 고도화된 AI가 복잡성을 통제하는 지휘자 역할을 하고 있습니다. 현대자동차는 싱가포르 글로벌 혁신센터(HMGICS) 등에서 AI와 로봇을 활용한 지능형 제조 플랫폼을 운영 중입니다. 이곳에서는 컨베이어 벨트를 따라 일률적으로 작업하던 방식에서 벗어나, AI가 주문받은 차량의 사양에 맞춰 부품을 실은 로봇(AMR)을 정확한 작업 공간(Cell)으로 보내줍니다.

   • • 우리 회사 AI 전환, 어떻게 시작할까?

과거에는 다양한 차종을 한 곳에서 만들면 부품이 섞이거나 작업 동선이 꼬이는 문제가 발생했지만, 이제는 AI가 수많은 로봇의 이동 경로와 작업 순서를 실시간으로 제어하여 이러한 문제를 해결했습니다. 덕분에 작업자는 무거운 부품을 찾으러 다닐 필요 없이, 제자리에서 로봇이 가져다주는 부품으로 조립에만 집중할 수 있게 되어 생산 효율과 업무 몰입도를 동시에 높이고 있습니다.

AI로 혁신된 상품이 만들어내는 비즈니스 성장

세 번째 목표는 비즈니스 성장입니다. 이는 단순히 업무를 돕는 도구를 넘어 기업이 고객에게 제공하는 상품 그 자체를 변화시켜 새로운 비즈니스 기회를 창출하는 것을 의미합니다. 제품에 AI를 탑재해 기능을 고도화하거나, AI를 활용해 제품 기획 및 개발 방식을 혁신함으로써 새로운 매출과 시장을 여는 단계입니다.

◆ 가전과 소프트웨어, 스스로 판단하는 제품으로 진화하다

가전제품은 AI를 만나 스스로 판단하는 기기로 진화했습니다. LG전자의 세탁기에 적용된 AI DD(Direct Drive) 기술을 예로 들어보면, 이 기술은 단순히 정해진 코스로 도는 것이 아니라, 세탁물의 무게와 옷감 재질을 센서로 감지하고 AI가 이를 분석해 최적의 세탁 코스를 스스로 결정합니다. 사용자가 일일이 모드를 설정할 필요 없이, AI가 알아서 가장 좋은 결과를 만들어주는 편리함을 제공함으로써 제품의 부가가치를 높였습니다.

소프트웨어와 콘텐츠 도구에서도 성장의 기회가 열리고 있습니다. 어도비(Adobe)는 자사 제품군인 포토샵(Photoshop), 일러스트레이터(Illustrator) 등에 생성형 AI '파이어플라이(Firefly)'를 통합했습니다. 사용자가 텍스트 명령만 입력하면 이미지나 영상, 폰트를 자동으로 생성해 주어 디자이너의 작업 효율을 크게 높였습니다. 교육 기업 듀오링고(Duolingo) 역시 학습자의 이해 수준과 반응 속도를 AI로 실시간 분석해 콘텐츠의 난이도를 조절함으로써, 마치 개인 과외 선생님 같은 맞춤형 학습 경험을 제공하며 서비스의 질적 성장을 이뤄냈습니다.

◆ 기획과 디자인의 혁신, 데이터로 성장을 그리다

제품을 기획하는 디자인 영역에서도 AI는 인간의 창의성을 극대화하는 도구로 활약합니다. 나이키(Nike)가 진행한 'A.I.R.(Athlete Imagined Revolution)' 프로젝트는 그 가능성을 여실히 보여줍니다. 나이키는 킬리안 음바페 등 13명의 엘리트 선수들이 원하는 기능과 스타일 데이터를 생성형 AI에 입력했습니다. 그 결과, AI는 고정관념을 깬 파격적인 디자인 시안 수백 개를 순식간에 도출해냈습니다. 디자이너들은 AI가 제안한 무한한 아이디어 속에서 영감을 얻어 실제 제품을 구체화했고, 이를 3D 프린팅과 결합해 혁신적인 시제품을 단기간에 완성할 수 있었습니다.

이처럼 다양한 산업에서 AI는 기획 단계부터 트렌드 분석과 창작 제안을 결합해 새로운 형태의 제품과 서비스를 만들어내고 있습니다. AI는 이제 단순한 기능 추가를 넘어 제품의 본질적인 가치를 높이고 기업의 성장을 견인하는 핵심 엔진이 되었습니다.

고객 한 명 한 명을 평생의 팬으로 만드는 고객 관계 강화

마지막으로 AI가 가장 빛을 발하는 곳은 고객과 만나는 최전선입니다. 챗봇, 추천 시스템, 매장 분석 등을 통해 고객과의 상호작용을 자동화하면서도, 동시에 '나보다 나를 더 잘 아는' 초개인화된 경험을 제공하여 브랜드 충성도(Loyalty)와 생애 가치(LTV)를 극대화하는 것입니다.

금융과 유통의 접점에서는 나를 알아보는 서비스가 가능해집니다. 금융권에서는 카카오뱅크가 AI 챗봇을 통해 고객 문의의 상당 부분을 자동 응대하고 있습니다. 단순한 답변을 넘어 고객의 문장 패턴과 감정을 분석해 응대 톤을 조절함으로써, 기계적이지 않은 자연스러운 상담 경험을 제공합니다.

오프라인 매장에서도 AI는 고객 경험을 조용히 돕고 있습니다. 스타벅스는 'Deep Brew' 시스템을 통해 매장의 주문 데이터, 날씨, 시간대 등을 분석해 고객이 선호할 만한 메뉴를 예측할 뿐만 아니라, 이에 맞춰 재료와 인력까지 최적화하여 대기 시간을 줄이고 서비스 품질을 높입니다. 백화점들은 AI 비전 분석을 통해 고객의 동선과 시선을 파악하고, 가장 매력적인 위치에 상품을 진열하여 고객의 쇼핑 편의성과 구매 전환율을 동시에 높이고 있습니다.

콘텐츠와 소통의 진화는 취향을 큐레이션합니다. 콘텐츠 플랫폼인 넷플릭스는 AI 추천 시스템의 교과서입니다. 단순 장르 중심의 추천이 아니라 시청자의 시청 이력, 시간대, 시청 습관, 감정 패턴까지 분석해 개인에게 딱 맞는 콘텐츠를 큐레이션 합니다. 또한, 삼성전자는 제품 후기와 콜센터 데이터를 AI로 실시간 분석하여 고객의 불편 사항을 파악하고, 이를 다음 세대 제품 개선에 즉시 반영하는 선순환 체계를 갖추었습니다. 이처럼 AI는 수만 명의 고객을 한 명 한 명 기억하고 배려하는 '개인화된 서비스'를 가능하게 만듭니다.

모든 업무에 통하는
만능 AI는 없다

"우리 회사 업무를 다 알아서 처리해 주는 그런 AI는 없나요?"

그렇다면 얼마나 좋을까요. 하지만 안타깝게도 현실에 그런 마법 같은 AI는 존재하지 않습니다. ChatGPT가 보여준 놀라운 능력 때문에, 많은 이들이 AI를 무엇이든 물어보면 척척 해결해 주는 '도깨비방망이'처럼 기대하곤 합니다. 그러나 모든 문제를 완벽하게 해결해 주는 만능 AI는 존재하지 않습니다. 각각의 AI 기술은 저마다의 강점과 명확한 한계를 가지고 있기 때문입니다.

AI 도입 프로젝트가 실패하는 가장 흔한 이유는 바로 이 '만능 AI'에 대한 환상에서 비롯됩니다. 창의성이 필요한 마케팅 업무에 딱딱한 분석형 AI를 들이대거나, 반대로 100% 정확성이 생명인 회계 감사에 그럴듯한 거짓말을 할 수도 있는 생성형 AI를 맡기는 식입니다. 이렇게 도구와 목적이 어긋나면, 막대한 예산을 투입하고도 엉뚱한 결과만 얻게 됩니다.

성공적인 도입을 위해서는 우리 회사가 풀고자 하는 '문제의 성격'과

그에 맞는 'AI의 특기'를 정확히 매칭하는 안목이 필수적입니다. 다음은 그 선택을 돕는 4가지 핵심 기준입니다.

창의적인 아이디어와 초안 작성이 필요하다면
: 생성형 AI(Generative AI)

생성형 AI는 텍스트, 이미지, 음성 등 기존에 없던 콘텐츠를 새롭게 만들어내는 데 탁월한 능력을 발휘합니다. 만약 마케팅 부서에서 매일 수십 개의 SNS 게시물을 올리거나, 기획팀에서 새로운 캠페인 아이디어를 브레인스토밍해야 한다면 생성형 AI가 최고의 파트너가 될 수 있습니다. 짧고 반복적이며, 약간의 수정이 허용되는 콘텐츠를 대량으로 생산하는 것은 생성형 AI의 주특기이기 때문입니다.

하지만 반대로, 법무 부서에서 계약서의 독소 조항을 찾아내거나 사실 관계를 엄밀히 검증해야 하는 업무에는 신중해야 합니다. 생성형 AI는 확률적으로 가장 그럴듯한 답을 내놓는 구조이기 때문에, 때로는 사실이 아닌 내용을 진실인 것처럼 말하는 '할루시네이션' 현상이 발생할 수 있습니다. 따라서 생성형 AI는 '진위를 가리는 감별사'보다는, '아이디어를 던지는 작가'로 활용할 때 가장 빛을 발합니다.

우리 회사만의 정답이 필요하다면
: 맞춤형 AI(Custom AI)

우리 회사의 고유한 데이터를 학습시켜 특별한 문제를 해결해야 한다면, 시중의 AI를 구독하는 것만으로는 부족합니다. 이때는 직접 AI를 구축해야 하는데, 기능적으로는 '정밀한 분석'이 필요한 경우와 '즉각적인 반응'이 필요한 경우로 나눌 수 있습니다. 이는 마치 기성복이 아닌, 내 몸의 치수를 재고 가봉하여 만드는 '맞춤 정장'과 같아서, 초기 비용과 시간은 들지만 우리 회사의 핵심 경쟁력을 가장 확실하게 높여줍니다.

대량의 데이터 분석과 정확한 정답
: 분석형 AI(Analytical AI)

고객센터에 쌓인 수만 건의 상담 기록을 분석해 '가장 자주 묻는 질문(FAQ)'을 뽑아내거나, 공장 설비의 센서 데이터를 분석해 고장 시점을 예측해야 한다면 어떨까요? 이때는 생성형 AI보다 분석형 AI가 훨씬 적합합니다.

많은 분들이 AI라고 하면 ChatGPT를 먼저 떠올리지만, 실제로 기업 현장에서 오랫동안 묵묵히 성과를 내온 것은 바로 이 '분석형 AI'입니다. 생성형 AI가 글을 쓰고 그림을 그리는 '우뇌(창의성)' 역할을 한다면, 분석형 AI는 숫자를 계산하고 정답을 찾는 '좌뇌(논리성)' 역할을 합니다.

분석형 AI는 기업 내부의 방대한 데이터를 학습해 그 속에 숨겨진 패턴과 규칙을 찾아내는 데 특화되어 있습니다. 생성형 AI가 일반적인 지식에 강하다면, 분석형 AI는 우리 회사만의 특수하고 복잡한 데이터를 다루는 전문가입니다. 물론 데이터를 정제하고 모델을 학습시키는 과정이 필요하지만, 한 번 구축되면 반복되는 패턴을 정확하게 분류하고 예측하는 데 있어 타의 추종을 불허하는 정확도를 제공합니다.

상황의 맥락 이해와 변화의 예측 : 예측형 AI(Predictive AI)

일부 업무에서는 과거 데이터를 분석해 기준을 세우는 것만으로는 충분하지 않습니다. 고객의 행동이 시시각각 바뀌고, 현장의 상황이 계속 달라지는 환경에서는 지금 이 순간에 무엇이 일어날지, 다음에 어떤 선택을 해야 할지를 판단하는 능력이 더 중요해집니다.

이러한 경우에는 단순히 빠르게 반응하는 AI가 아니라, 상황의 맥락을 이해하고 앞으로의 변화를 예측하는 맞춤형 AI가 필요합니다. 예를 들어 고객 이탈 가능성을 사전에 감지하거나, 설비 이상이 발생하기 전에 징후를 포착하거나, 다음 행동을 추천해야 하는 업무에서는 '실시간 처리' 자체보다 예측의 정확도와 판단 기준의 적합성이 성패를 좌우합니다.

이처럼 예측형 맞춤형 AI는 과거 데이터뿐 아니라 현재의 맥락과 흐름을 함께 고려해, 사람이 다음에 취해야 할 선택을 돕는 역할을 합니다. 여기서 중요한 것은 속도가 아니라, 우리 회사의 기준과 업무 맥락에 맞는 판단을 얼마나 잘 만들어내느냐입니다. 이러한 영역은 범용 AI로는 한계가 있으며, 결국 우리 회사만의 데이터와 기준을 반영한 맞춤형 설계가 필요해집니다.

특히 제조업이나 금융업처럼 0.1%의 정확도 차이가 수억 원의 비용 절감이나 리스크 방지로 직결되는 영역에서는 '할루시네이션'이 용납되지 않습니다. 따라서 재고 관리, 수요 예측, 불량 판독처럼 실수 없는 정확도가 생명인 업무에는 반드시 우리 회사의 데이터로 정밀하게 훈련된 분석형 AI를 사용해야 합니다.

익숙한 업무 도구 그대로, AI 기능만 더하고 싶다면 : 솔루션 내장형 AI(Embedded AI)

모든 기업이 거창한 AI 시스템을 새로 개발할 필요는 없습니다. 오히려 직원들이 새로운 프로그램을 배우느라 업무 효율이 떨어지는 것을 경계해야 합니다. 이럴 때 가장 효과적인 것이 기존 업무 시스템에 AI 기능이 포함된 '내장형 AI'를 활용하는 것입니다.

예를 들어, 우리가 매일 쓰는 엑셀이나 CRM(고객관리) 솔루션 안에 이미 들어 있는 '자동 추천'이나 '이메일 대상자 추출' 기능을 활용하는 것입니다. 별도의 개발 없이 버튼 하나만 누르면 되기 때문에 도입 장벽이 가장 낮고, 직원들의 저항도 거의 없습니다. 물론 아주 복잡하고 새로운 시장 트렌드를 분석하기에는 기능적 한계가 있을 수 있지만, 일상적인 업무 효율을 높이는 데는 가장 가성비가 높은 선택지입니다.

결국 AI 도입의 성패는 "어떤 AI가 기술적으로 가장 뛰어난가?"를 따지는 것이 아니라, "우리가 지금 풀어야 할 문제가 무엇인가?"를 정의하는 능력에 달려 있습니다. 단순 반복 업무에는 생성형 AI가, 정밀한 판단에는 분석형 AI가, 급박한 현장 대응에는 반응형 AI가, 그리고 일상적인 효율화에는 내장형 AI가 정답입니다.

적재적소에 사람을 쓸 때와 마찬가지로, AI도 그 특기에 맞는 자리에 배치할 때 비로소 최고의 성과를 냅니다. 이것이 2장에서 꼭 기억해야 할 AI 선택의 대원칙입니다.

도구에서 동료가 된 생성형 AI

'신기하다'에서 멈춘 사람과 '업무'로 연결한 사람

ChatGPT가 처음 등장했을 때, 매일같이 신문과 뉴스에서는 '세상을 바꿀 기술'이라며 떠들썩했습니다. 글을 요약하고, 보고서를 써주며, 회의록을 정리하는 모습은 많은 사람들에게 충격 그 자체였습니다. 아마 이 글을 읽는 분들의 휴대폰에도 이미 ChatGPT는 물론이고, 검색에 강한 Perplexity나 구글의 Gemini 같은 앱이 하나쯤은 깔려 있을 것입니다. 개중에는 이미지를 만들어주는 Midjourney나, 음악을 작곡하는 Suno 같은 도구까지 섭렵한 분들도 계시겠지요.

이제 AI는 회원가입만 하면 누구나 쉽게 사용할 수 있는 '기본 도구'가 되었습니다. 특정 솔루션을 통하면 회사 시스템과 연동해 로그인 없이도 쓸 수 있는 세상이 되었습니다. 하지만 아이러니하게도, 대부분의 사람들은 호기심에 몇 번 써보다가 금세 손을 놓아버립니다. 처음엔 놀랍지만, 쓰다 보니 그저 '검색보다 조금 더 정리를 잘해주는 도구' 정도로 느껴지기 때문입니다.

보통 이런 패턴을 보입니다. 처음엔 "GPT가 무슨 뜻이야?" 같은 단순한 질문을 던지다가, "이 기획안 좀 봐줘"라며 업무 질문으로 넘어갑니다. 하지만 기대만큼 결과가 나오지 않으면 흥미가 식어버리죠. 그러다 한동안 잊을 만하면 "이제 AI가 그림도 그린다네?", "노래도 만든다네?" 하는 소식이 들려오면 다시 관심을 갖습니다. 이렇게 시험과 흥미, 그리고 잊힘이 반복되는 패턴이 이어집니다.

신뢰의 문제도 있습니다. 예전의 AI는 모르면 "모른다"고 했습니다. 하지만 요즘의 ChatGPT는 어떤 질문에도 임기응변처럼 그럴듯한 대답을 내놓습니다. 모르는 것도 아는 척 답하다 보니, 오히려 업무에 쓰기엔 신뢰가 떨어진다는 분들도 많습니다.

기업 현장으로 들어오면 상황은 더 복잡해집니다. 밖에서는 AI가 일상에 스며들고 있는데, 정작 가장 스마트해야 할 사무실은 마치 세상과 단절된 '디지털 외딴섬'처럼 느껴집니다. 회사 내부 자료를 AI에 올리면 정보가 유출될 수 있다는 보안 우려 때문에, 많은 기업이 접속을 차단하거나 제한해 두었기 때문입니다.

하지만 그렇다고 직원들이 AI를 안 쓸까요? 아닙니다. 여전히 개인 스마트폰을 꺼내 업무 내용을 물어보며 일합니다. 막을 수도, 그렇다고 완전히 허용할 수도 없는 '비밀 아닌 비밀'이 되어버린 현실입니다.

그럼에도 불구하고, 생성형 AI가 가져다주는 업무 효율성은 결코 무시할 수 없습니다. 계산을 한번 해볼까요? 직원 한 명이 AI를 사용하여 하루에 30분만 아낀다고 가정해 봅시다. 직원 500명이 20일 동안 일한다면, 한 달에 무려 수천 시간의 비용 절감 효과가 생깁니다.

물론 AI가 내놓은 결과물은 담당자가 다시 검수해야 합니다. 하지만

'맨땅에 헤딩'하며 초안을 만드는 시간이 사라진다는 것은 엄청난 변화입니다. 이 작은 개선들이 쌓이면 기업의 생산성에는 큰 차이가 만들어집니다.

이제 AI는 배워야 할 신기술이 아니라, 누구나 쓸 수 있는 볼펜이나 계산기 같은 도구입니다. 중요한 것은 접근의 문제가 아니라, '어떻게 업무 속에 녹여내느냐'입니다. 문서 작성, 기획안 초안, 보고서 정리 같은 반복적인 작업을 AI에게 맡기면, 사람은 더 중요한 판단과 결정에 집중할 수 있습니다.

결국 기업이 해야 할 일은 단순합니다. '어떤 최신 AI를 쓸 것인가'를 고민하기보다, '어떻게 더 효율적으로 잘 쓰게 할 것인가'를 고민해야 합니다. 직원들이 눈치 보지 않고 자연스럽게 활용할 수 있는 환경을 만들고, 일의 흐름 속에 AI를 녹이는 것이 핵심입니다. 기술은 이미 준비되어 있습니다. 이제 필요한 것은 기업의 실행력과 의지입니다.

생성형 AI란 무엇인가?

왜 '생성형'이라는 이름이 붙었나?

'생성형(Generative)'이라는 이름은 단순히 기술적인 수식어가 아닙니다. 이것은 인공지능이 수행하는 역할의 본질을 설명하는 가장 정확한 표현입니다. 핵심은 '만들어 낸다'는 데 있습니다. 우리가 질문을 던지거나 명령을 내리면, AI는 어딘가에 있는 정답을 찾아오는 것이 아니라, 자신이 학습한 방대한 데이터를 바탕으로 매번 새로운 결과물을 '즉석으로 창조'해 냅니다. 즉, AI가 단순한 기계를 넘어 무언가를 생산하는 '창작자(Creator)'의 지위를 갖게 되었음을 의미합니다.

◆ '만드는 능력'의 탄생: 확률로 그리는 창의성

생성형 AI의 가장 큰 특징은 '없는 것을 있게 만드는 능력'입니다. 과거의 소프트웨어가 입력된 규칙에 따라 계산만 수행했다면, 생성형 AI는 텍스트, 이미지, 음악, 코드 등 인간만이 만들 수 있다고 여겨졌던 고유한 콘텐츠를 직접 생산합니다. 이것이 가능한 이유는 AI가 데이터를 통째로 외우는 것이 아니라, 데이터 사이의 '맥락'과 '패턴'을 학습했기 때문입니다.

이 원리를 우리가 영어를 구사하는 방식에 비유해 보겠습니다. 문법책으로만 영어를 배운 사람은 주어와 동사의 순서 같은 규칙은 완벽하게 지키지만, 정작 원어민이 듣기에는 어딘가 어색하고 딱딱한 문장을 구사하곤 합니다. 원어민들은 대화할 때 무의식적으로 '이 단어 다음에는 으레 이 단어가 와야지'라고 예상하며 듣는데, 문법만 외운 사람이 만든 문장은 이 자연스러운 예상 궤도를 벗어나기 때문입니다. 반대로 어떤 사람들은 발음이 다소 투박하더라도, 원어민들이 실제 생활에서 자주 쓰는 단어의 조합과 흐름을 자연스럽게 구사하여 훨씬 매끄럽게 소통합니다.

생성형 AI는 바로 후자의 방식을 따릅니다. 정확하게는 GPT의 T가 지칭하는 Transformer의 방식입니다. 수많은 소설과 대화 데이터를 읽은 AI는 문장을 통째로 복사하는 것이 아니라, "이 단어 뒤에는 어떤 단어가 와야 가장 자연스러울까?"를 확률적으로 계산하여 문장을 새롭게 조립합니다. 딱딱한 규칙이 아니라 수많은 데이터 속에서 발견한 확률에 따라 말하기 때문에, AI는 매번 조금씩 다른, 세상에 단 하나뿐인 결과물을 만들어낼 수 있습니다. 이는 기계가 데이터를 재료 삼아 마치 인간처럼 '상상력'을 발휘하는 과정과 매우 유사합니다.

이 과정에서 때로는 '할루시네이션(Hallucination, 환각)'이라고 불리는, 사실과 다르거나 논리적으로 엉뚱한 결과를 내놓기도 합니다. 금융이나 의료 분야라면 이는 치명적인 결함이겠지만, 흥미롭게도 창작의 영역에서 이 현상은 인간의 굳어진 사고를 깨는 '뜻밖의 영감'이 되기도 합니다.

가상의 시나리오를 하나 들어보겠습니다. 한 건축가가 명품 시계 브랜드의 플래그십 스토어를 설계하기 위해 AI에게 브랜드의 철학을 시각적으로 묘사해 달라고 요청했다고 가정해 봅시다. 일반적인 검색 엔진이라면 정밀함이나 태엽, 금속 같은 뻔한 키워드를 나열했을 것입니다. 하지만 생성형 AI는 문맥을 과도하게 해석한 나머지, 그 브랜드를 단순한 시계 제조사가 아닌 '시공간의 창시자'로 정의하며, '물리적 한계를 초월한 투명한 궁전'이라는 식의 시적이면서도 비현실적인 답을 내놓을 수 있습니다.

현실적으로 시계 브랜드가 시공간을 창조할 수는 없기에 이는 명백한 오류입니다. 하지만 이 문장을 접한 인간 건축가는 무릎을 칩니다. 시계의 태엽 부품을 형상화하려던 기존의 1차원적 계획을 뒤집고, 매장 전체를 시간과 공간의 경계가 허물어지는 새로운 차원의 경험 공간으로 설계하자는 아이디어를 얻게 되는 것입니다. 즉, 팩트의 세계에서는 거짓말이지만, 창작의 세계에서는 우리의 상상력을 자극하는 훌륭한 도구가 되는 셈입니다.

◆ 문맥을 꿰뚫고 적응하는 대화의 기술

생성형 AI가 사람처럼 자연스러운 대화를 할 수 있는 비결은 트랜스포머(Transformer)라는 신경망 구조 덕분입니다. 이 구조는 문장 내 단어의 순서뿐만 아니라 단어 간의 관계와 맥락을 파악합니다. 쉽게 말해, '배'라는 단어가 나왔을 때 문맥을 보고 그것이 과일인지, 타는 배인지, 신체의 배인지를 정확히 구분해냅니다.

더 중요한 것은 '적응성'입니다. 생성형 AI는 고정된 기계가 아닙니다. 사용자의 피드백을 통해 결과의 품질을 점진적으로 향상시킵니다.

사용자가 "톤을 좀 더 부드럽게 바꿔줘"라고 요청하면, AI는 그 의도를 반영해 즉시 결과를 수정합니다. 기업 환경에서는 이러한 특성이 조직의 데이터 축적과 결합되어, 시간이 지날수록 우리 회사에 더 잘 맞는 개인화된 파트너로 성장하게 됩니다.

◆ 경계를 허무는 능력: 멀티모달(Multimodal)

이제 AI는 텍스트라는 감옥에 갇혀 있지 않습니다. 텍스트, 이미지, 음성, 영상 등 서로 다른 형태의 데이터(Modality)를 동시에 이해하고 생성할 수 있는데, 이를 '멀티모달'이라고 부릅니다. 과거에는 글을 쓰는 AI와 그림을 그리는 AI가 따로 존재했다면, 이제는 "이 설명에 어울리는 로고를 그려줘"라고 말하면 글을 이해하고 그림으로 답합니다. 이는 AI가 인간처럼 눈과 귀, 입을 동시에 활용하여 정보를 입체적으로 받아들이고 표현하는 단계로 진화했음을 의미합니다.

◆ '올인원(All-in-One)' 플랫폼으로의 진화

처음 등장했을 때 생성형 AI는 '채팅만 가능한 도구'였지만 지금은 문서 작성, 이미지 생성, 데이터 분석, 코딩까지 하나의 창에서 모두 처리하는 통합형 플랫폼이 되었습니다. 이것은 우리가 스마트폰을 쓰는 방식을 떠올리게 합니다. 예전에는 날씨 앱, 번역 앱, 검색 앱, 일정 앱을 따로 썼지만, 이제는 ChatGPT 하나만으로 날씨를 확인하고, 문장을 번역하고, 정보를 찾고, 일정을 짭니다. 생성형 AI는 여러 앱을 오갈 필요 없이 모든 업무를 처리하는 디지털 비서이자 새로운 형태의 운영체제(OS)로 진화하고 있는 것입니다.

상상력이 비즈니스가 되는
5가지 영역

생성형 AI가 만들어 낼 수 있는 영역은 우리가 생각하는 것보다 훨씬 넓습니다. 결론부터 말하자면, 사람이 컴퓨터 앞에 앉아서 만드는 모든 디지털 결과물이 이제 AI의 영역으로 들어왔다고 해도 과언이 아닙니다. 과거에는 무언가를 만들기 위해 기술을 배우는 시간이나 전문가를 고용할 비용이 필요했고, 그마저 여의치 않으면 포기해야 했습니다. 하지만 생성형 AI는 이 진입 장벽을 무너뜨리고 있습니다. '상상력의 비용이 0에 수렴하는 세상'이 온 것입니다.

텍스트, 코드, 이미지, 영상, 오디오 등 기업 현장에서 가장 활발하게 쓰이는 5가지 핵심 영역을 중심으로, 이 기술들이 비즈니스를 어떻게 바꾸고 있는지 살펴보겠습니다.

텍스트(Text): 생각의 속도로 글을 쓰고 소통하다

가장 널리, 그리고 가장 깊숙이 업무에 침투한 것은 단연 텍스트 생성형 AI입니다. ChatGPT, Claude, Gemini 같은 대규모 언어모델 기반의 도구들은 보고서 작성, 이메일 초안, 번역, 요약 등 언어를 다루는 모든 업무의 시간을 획기적으로 단축시켰습니다. 최근에는 사내 문서 시스템과 연동되어 회의록을 자동으로 정리하거나 일일 업무 보고서를 대신 써주는 역할까지 수행하고 있습니다.

이제 AI는 단순한 대필 작가가 아닙니다. 때로는 신입 사원보다 더 세련된 비즈니스 매너로 이메일을 써주기도 하고, 마케팅 카피라이팅의 다양한 시안을 순식간에 제시하여 담당자의 발상을 돕기도 합니다. 텍스트 생성 AI는 직원이 빈 화면을 보며 고민하는 시간을 줄여주고, 더 중요한 판단과 전략에 집중하게 만드는 가장 기초적이면서도 강력한 비즈니스 파트너입니다.

코드(Code) : 대화하듯 개발하고, 누구나 만드는 세상

코드 생성형 AI는 개발자들 사이에서 이미 선택이 아닌 필수품이 되었습니다. 프로그래밍 언어는 인터넷에 가장 많이 공개된 데이터 중 하나이기에 AI가 가장 잘하는 분야이기도 합니다. 깃허브 코파일럿(GitHub Copilot)이나 코드위스퍼러(CodeWhisperer) 같은 도구는 개발자가 작성 중인 코드의 문맥을 읽고 다음 줄을 예측하거나, 버그를 찾아 수정해 줍니다.

과거에는 숙련된 시니어 개발자만 가능했던 코드 리팩토링(수정)이나 테스트 코드 작성도 이제는 AI가 보조합니다. 덕분에 개발은 고독한 타이핑이 아니라 AI와의 대화가 되었으며, 일부 개발자들은 이를 두고 AI와 함께 페어 프로그래밍(Pair Programming)을 한다고 표현하기도 합니다. 전문 기술의 장벽이 낮아지면서, 아이디어만 있다면 누구나 필요한 도구를 직접 만들어 쓰는 시민 개발자(Citizen Developer)의 시대가 열리고 있습니다.

이미지와 영상(Image & Video)
: 찰나의 순간에 펼쳐지는 시각적 상상력

이미지 생성형 AI는 "백문이 불여일견"이라는 말을 실감하게 합니다. 달리(DALL·E), 미드저니(Midjourney), 파이어플라이(Firefly) 같은 도구들은 텍스트 묘사만으로 전문가 수준의 이미지를 만들어냅니다. 예를 들어 "지브리 스타일의 따뜻한 사무실 회의 장면을 그려줘"라는 식의 텍스트 명령을 입력하면, 수십 초 만에 고품질의 일러스트가 튀어나옵니다. 과거에는 디자이너에게 의뢰하고 시안을 받고 수정하는 데 며칠이 걸렸던 작업입니다. 이제 마케터는 머릿속 아이디어를 그 자리에서 시각화해 회의 자료에 넣을 수 있게 되었으며, 디자인 비용과 시간은 획기적으로 줄어들었습니다.

영상 기술도 무섭게 발전 중입니다. 소라(Sora), 런웨이(Runway), 피카(Pika) 같은 도구들은 텍스트나 이미지 한 장만으로 1분 내외의 동영상을 만들어냅니다. 아직 장편 영화를 찍을 수준은 아니지만, 광고 시안, 제품 소개 영상, 사내 교육 콘텐츠를 만들기에는 충분한 품질을 보여주고 있습니다. 촬영 장비 없이 책상 위에서 영상을 제작하는 시대가 되면서, 기업 홍보 영상의 상당수는 카메라가 아닌 AI 모델이 만들어낼 가능성이 큽니다.

음성과 음악 (Audio & Music)
: 감정을 연기하고, 분위기를 작곡하다

음성 생성형 AI는 과거의 어색한 기계음(TTS)을 완전히 넘어섰습니다. 일레븐랩스(ElevenLabs) 같은 서비스는 사람의 호흡, 떨림, 감정까지 그대로 재현하며, 특정인의 목소리를 복제해 가상 상담원이나 AI 아나운서를 만들어냅니다. 이미 콜센터나 오디오북 시장에서는 상용화 단계에 들어섰습니다.

음악 영역도 예외는 아닙니다. 수노(Suno)나 유디오(Udio) 같은 도구는 "희망찬 분위기의 기업 행사용 배경음악"이라고 입력하면, 작곡과 편곡은 물론 가사까지 붙여서 노래를 뚝딱 만들어냅니다. 저작권 걱정 없는 배경음악(BGM)을 순식간에 확보할 수 있게 된 것입니다. 이는 미디어, 광고, 게임 산업에서 오디오 콘텐츠를 생산하는 방식을 근본적으로 바꾸고 있습니다.

데이터와 멀티모달 (Data & Multimodal)
: 보고, 듣고, 말하는 통합 지능

이제 AI는 엑셀 파일도 읽습니다. 데이터 분석형 AI에게 "지난 분기 매출 추세를 그래프로 그려줘"라고 말하면, 복잡한 함수 없이도 데이터를 분석하고 시각화해 줍니다. 누구나 데이터 분석가가 될 수 있는 길이 열린 셈입니다.

마지막으로 주목할 것은 이 모든 능력이 하나로 합쳐진 멀티모달(Multimodal) 통합형 AI입니다. GPT-4o나 Gemini 1.5처럼 텍스트, 이미지, 음성, 영상을 동시에 이해하고 처리하는 모델들입니다. 사진을 찍어 올리고 "이 제품의 사용 설명서를 써줘"라고 하면, 이미지를 분석해 글로 답을 줍니다. 앞으로의 AI는 유형의 구분 없이 모든 형태의 정보를 통합적으로 다루는 방향으로 진화할 것입니다.

생성형 AI의 8대 핵심 영역 및 대표 서비스		
유형	주요 기능 및 업무 활용	대표 서비스
텍스트 (Text)	문서 작성, 요약, 번역, 이메일 초안, 아이디어 발상	ChatGPT, Claude, Gemini, HyperCLOVA X
코드 (Code)	코드 자동 완성, 디버깅, 리팩토링, 자연어 기반 코딩	GitHub Copilot, CodeWhisperer, Cursor
이미지 (Image)	텍스트 기반 이미지 생성, 디자인 시안, 로고 및 아이콘 제작	Midjourney, DALL·E 3, Firefly, Stable Diffusion
영상 (Video)	텍스트/이미지로 동영상 생성, 영상 편집 및 변환	Sora, Runway Gen-2, Pika, HeyGen
음성 (Voice)	텍스트를 자연스러운 음성으로 변환(TTS), 목소리 복제	ElevenLabs, Typecast, Clova Dubbing
음악 (Music)	분위기별 작곡, 가사 생성, 배경음악(BGM) 제작	Suno, Udio, Soundraw
데이터 (Data)	엑셀 데이터 분석, 시각화, 인사이트 도출	Excel Copilot, Tableau GPT, Pandas AI
멀티모달 (Multimodal)	텍스트+이미지+음성 복합 이해, 실시간 상황 인지	GPT-4o, Gemini 1.5 Pro, Claude 3.5 Sonnet

기존 AI와 생성형 AI의 차이

AI라는 이름은 같지만, 지금 우리가 열광하는 생성형 AI와 그동안 기업들이 도입해 왔던 기존 AI는 접근 방식 자체가 다릅니다. 기존 AI가 "분석하고 예측하는 기술"이었다면, 생성형 AI는 "새로운 것을 만들어내는 도구"로 진화했습니다.

이 변화는 단순한 성능 업그레이드가 아닙니다. AI를 활용하는 방식과 목적 자체가 완전히 달라지는 대전환을 의미합니다.

목적의 차이:
'정답을 고르는 AI' vs '새로운 답을 제안하는 AI'

기존 AI의 주된 역할은 정답을 찾는 것이었습니다. 공장에서 불량품을 찾아내거나, 다음 달 매출 추세를 예측하거나, 이 고객이 이탈할 가능성이 몇 퍼센트인지 계산하는 것처럼 명확한 문제에 대해 가장 정확한 답을 골라내는 것이 목표였습니다. 그래서 기존 AI는 주어진 데이터 안에서 최적의 해를 찾는 '계산기'에 가깝습니다.

반면, 생성형 AI는 스스로 새로운 답을 만들어냅니다. 이미 세상의 방대한 지식을 학습해 두었기 때문에, 사용자가 질문을 던지면 그 지식을 바탕으로 새로운 문장, 그림, 아이디어, 전략안을 즉시 제시합니다. "무엇을 물어봐야 하는가"만 고민하면, AI가 결과물을 만들어주는 구조입니다.

즉, 기존 AI가 "이 문제의 정답은 A입니다"라고 답을 골라주는 역할을 한다면, 생성형 AI는 "이 문제를 해결하기 위해 A, B, C라는 방법이 있는데 한번 시도해 볼까요?"라고 제안하는 '조언자' 역할을 수행합니다.

데이터 활용의 차이: '회사 내부 보고서' vs '세상의 교과서'

기존 AI를 구축하는 과정은 우리 회사만의 '내부 보고서'를 만드는 과정과 비슷했습니다. 기업 내부의 데이터를 직접 수집하고 정제해서 모델을 학습시켜야 했습니다. 설비 이상을 예측하는 AI를 만든다면, 센서 데이터를 얼마나 자주 수집할지, 결측값은 어떻게 처리할지, 어떤 알고리즘을 쓸지 하나하나 설계해야 했습니다. 이 과정은 개발자와 현업이 수개월간 매달려야 하는 '개발 프로젝트'였습니다.

반면, 생성형 AI는 이미 세상의 방대한 데이터를 학습해 둔 '두꺼운 교과서'와 같습니다. 우리가 따로 학습시킬 필요 없이, 그저 물어보면 답이 나오는 형태로 작동합니다. 따라서 구축보다는 활용에 초점이 맞춰져 있습니다.

이 차이는 명확한 장단점을 가집니다. 생성형 AI는 세상의 일반적인 지식이나 문장 구조, 논리적 패턴은 기가 막히게 잘 알지만, 우리 회사의 지난달 생산 이력이나 특정 고객의 불만 패턴 같은 '내부 맥락'은 모릅니다. 반면 기존 AI는 세상 물정은 모르지만, 우리 회사의 특정 공정이나 데이터에 대해서만큼은 누구보다 깊이 있고 정확합니다.

비유하자면 이렇습니다. 회사 이름을 지워도 내용이 통하는 보고서는 좋은 보고서가 아니듯, 우리 회사의 맥락과 데이터가 녹아 있지 않은 AI는 아무리 똑똑해도 "공자님 말씀 같은 일반론"만 내놓을 수 있습니다. 이것이 생성형 AI의 한계이자, 우리가 여전히 기존 AI를 필요로 하는 이유입니다.

접근성의 차이: '구축 중심'에서 '활용 중심'으로

사용하는 주체와 방식도 완전히 달라졌습니다. 기존 AI는 철저히 전문가 중심의 프로젝트였습니다. 데이터 과학자, 엔지니어, 분석가가 있어야 모델을 설계하고 운영할 수 있었기에, AI 도입은 곧 별도의 예산과 인력이 투입되는 시스템 구축 사업을 의미했습니다.

하지만 생성형 AI는 누구나 대화하듯 사용할 수 있습니다. 복잡한 코딩 없이 질문(프롬프트)만 잘 던지면 마케팅 담당자가 카피를 뽑고, 인사 담당자가 면접 질문을 만들고, 회계 담당자가 보고서 초안을 작성합니다.

AI는 더 이상 특정 부서의 기술 과제가 아니라, 모든 직원의 일상 업무 도구로 확장되었습니다. 기존 AI가 전문가들이 매달려 시스템을 만드는 '구축'의 영역이었다면, 생성형 AI는 누구나 즉시 도구를 쓰는 '활용'의 영역입니다.

경쟁이 아닌 '보완'의 관계

결국 두 AI는 서로 다른 목적과 강점을 가진 도구입니다. 생성형 AI는 세상의 지식을 바탕으로 빠른 아이디어와 제안을 만들어내고(발산), 기존 AI는 기업 내부 데이터를 정밀하게 분석해 깊이 있는 판단을 돕습니다(수렴).

따라서 기업은 이 두 가지를 대립적으로 볼 필요가 없습니다. 생성형 AI로 생각의 폭을 넓히고, 기존 AI로 현실을 검증하는 투트랙 전략이 가장 효과적입니다. 즉, 생성형 AI는 "넓게 생각하는 도구", 기존 AI는 "정확히 판단하는 도구"로 나누어 활용하는 것이 AI 전환의 핵심입니다.

기존 AI와 생성형 AI의 비교 요약		
구분	기존 AI(분석형/예측형)	생성형 AI(생성형/대화형)
목적	정답 찾기 (분석, 예측)	해답 만들기 (창작, 제안)
비유	계산기, 내부 보고서	조언자, 교과서
데이터	기업 내부 데이터를 직접 학습	사전 학습된 방대한 외부 데이터 활용
접근성	전문가 중심 (구축)	전 직원 활용 가능 (활용)
핵심 가치	정확도, 최적화	속도, 창의성, 효율성

우리 회사에 맞는
도구 선택 가이드

생성형 AI 도입을 고민하는 기업들이 가장 먼저 부딪히는 벽은 '선택의 문제'입니다. ChatGPT, Claude, Gemini, Copilot 같은 글로벌 서비스부터 HyperCLOVA X나 EXAONE 같은 국산 서비스까지, 선택지가 너무 많아 혼란스럽기 때문입니다.

하지만 너무 복잡하게 생각할 필요는 없습니다. 기업 입장에서 선택의 기준은 크게 두 가지 축으로 좁혀집니다. 하나는 '글로벌 vs 국산'이라는 서비스의 성격이고, 다른 하나는 '우리 회사의 규모와 보안 규정'이라는 현실적인 조건입니다.

글로벌 vs 국산

글로벌 서비스(ChatGPT, Claude, Gemini 등)는 압도적인 성능과 방대한 지식을 자랑합니다. 영어 문서를 다루거나, 최신 코딩 기술이 필요하거나, 글로벌 트렌드를 분석해야 한다면 이쪽이 유리합니다. 전 세계적으로 가장 널리 쓰이는 만큼 플러그인이나 연동 기능도 풍부합니다.

반면 국산 서비스(HyperCLOVA X, EXAONE 등)는 한국어의 미묘한 뉘앙스를 잘 이해하고, 국내의 법규나 정서에 맞는 결과를 내놓는 데 강점이 있습니다. 특히 공공기관이나 금융권처럼 데이터 주권이 중요하거나, 한국식 공문서 작성이 필요한 곳에서는 국산 모델이 훨씬 안정적인 성능을 보여줍니다. 최근에는 LG 엑사원처럼 전문 분야(논문, 특허, 화학 등)에 특화된 모델도 등장하여 선택의 폭이 넓어졌습니다.

실제로 많은 기업들이 이 둘을 섞어서 쓰는 '하이브리드 전략'을 취합니다. 예를 들어 마케팅 아이데이션은 창의성이 뛰어난 ChatGPT에게 맡기고, 사내 보고서 작성이나 전문 분야 검색은 EXAONE이나 HyperCLOVA X를 쓰는 식입니다. 업무별로 더 잘하는 도구를 골라 쓰는 것이 가장 현명한 방법입니다.

기업 규모별 접근 전략

기업의 규모나 업종에 따라 AI를 도입하는 방식은 대체로 다른 양상을 보입니다.

- **대기업**: 보안과 내재화를 최우선으로 고려하는 경향이 있습니다. 외부 정보 유출 우려로 인해 퍼블릭 서비스 접속을 제한하고, 대신 자체 데이터센터에 폐쇄형 모델을 구축하거나(On-premise), 기업 전용 보안 계약을 맺은 엔터프라이즈 버전을 도입하는 사례가 많습니다.

- **중견기업**: 효율과 실리를 중시합니다. 막대한 구축 비용 대신, ChatGPT Enterprise나 Claude Team 같은 기업용 서비스를 활용하거나, API를 통해 기존 사내 시스템에 AI를 연동하는

'하이브리드 방식'을 선호합니다.

- **중소기업 · 스타트업:** 속도와 즉시성이 생명입니다. 복잡한 구축보다는 Wrtn, Gemini, ChatGPT 같은 클라우드형 서비스를 구독해 당장 업무 생산성을 높이는 데 집중합니다.

계정의 딜레마와 주요 서비스 비교

서비스 도입 단계에서 기업은 계정의 딜레마에 봉착합니다. 바로 접근성(비용)과 보안 사이의 줄타기입니다.

직원들은 당장 업무 효율을 높이기 위해 무료 계정(ChatGPT, Claude 등)을 쓰게 해달라고 아우성입니다. 하지만 경영진 입장에서는 무료 계정에 입력한 회사 기밀이 AI 학습에 사용되어 외부로 유출될까 두렵습니다. 그렇다고 처음부터 비싼 기업용(Enterprise) 라이선스를 전 직원에게 사주자니 예산이 부담스럽습니다. 막자니 도태될 것 같고, 열자니 털릴 것 같은 이 진퇴양난의 상황이 바로 계정의 딜레마입니다.

이 딜레마를 해결하기 위해 실무적으로 가장 꼼꼼히 따져봐야 할 기준은 데이터 학습 여부입니다. 무료나 개인용 계정은 대화 내용이 AI 학습에 쓰일 수 있지만, 기업용 계정은 고객 데이터는 학습하지 않음을 원칙으로 합니다. 따라서 회사의 기밀을 다룬다면 반드시 기업용 계정을 쓰거나, API 방식을 통해 데이터가 저장되지 않는 환경을 만들어야 합니다.

실전 선택 가이드: 단일 벤더형 vs 포털형

주요 서비스들의 특징을 비교하기 전에, 시장에 나와 있는 AI 서비스를 크게 두 가지 유형으로 구분해서 보면 선택이 훨씬 쉬워집니다.

첫째는 AI 모델 제조사가 직접 제공하는 서비스입니다. OpenAI(GPT), Google(Gemini), Naver(HyperCLOVA X)처럼 거대 언어 모델(LLM)을 직접 개발한 기업들이 자사 모델을 기반으로 제공하는 서비스가 이에 해당합니다. 이 유형의 가장 큰 장점은 최신 모델과 기능을 가장 먼저 사용할 수 있다는 점이며, 동시에 파운데이션 모델의 한계를 보완하기 위한 후처리와 운영 최적화가 잘되어 있다는 점입니다.

둘째는 AI 포털 서비스입니다. 뤼튼(Wrtn) 같은 서비스가 여기에 해당합니다. 이들은 직접 모델을 만들기도 하지만, 주력은 OpenAI나 Anthropic 같은 제조사들의 최신 모델들을 가져와서 한곳에서 쓰기 편하게 제공하는 것입니다.

중소기업이나 스타트업에게는 이 AI 포털이 매력적인 대안이 될 수 있습니다. GPT-4도 쓰고 싶고 Claude도 쓰고 싶은데 각각 유료 구독하기에는 비용과 관리가 부담스럽기 때문입니다. 포털형 서비스를 이용하면 하나의 계정으로 상황에 따라 논리적인 작업은 GPT-4로, 자연스러운 글쓰기는 Claude로 모델을 골라 쓰는 유연함을 얻을 수 있습니다.

다음은 기업들이 주로 고려하는 글로벌 및 국내 생성형 AI 서비스들의 특징과 보안 정책을 정리한 표입니다.

주요 생성형 AI 서비스별 특징 및 보안 정책 비교			
서비스명	강점 및 특징	무료/개인용 정책	기업용(Enterprise) 정책
ChatGPT (OpenAI)	가장 범용적이고 강력한 성능. 방대한 플러그인 및 생태계 보유.	대화 내용 학습 가능성 있음 (설정에서 Opt-out 가능).	학습 데이터 제외 기본 적용. 관리자 콘솔, SSO 등 보안 강화.
Claude (Anthropic)	긴 문맥(책 한 권 분량) 이해 및 요약 능력 탁월. 자연스러운 문장력.	개인용은 학습 활용 가능성 있음 (Opt-out 필요).	데이터 학습 원천 배제. 기업용 API 제공으로 내부 시스템 연동 용이.
Gemini (Google)	구글 워크스페이스 (Docs, Gmail)와의 강력한 연동성. 멀티모달 강점.	구글 계정 연동. 앱 활동이 학습에 활용될 수 있음.	Workspace 데이터 학습 제외. 기업급 보안 및 관리자 제어 제공.
Copilot (Microsoft)	엑셀, PPT, 워드 등 오피스 프로그램 안에서 바로 실행 가능.	웹 기반 무료 사용 가능. 일반 사용자 수준 보안.	기업용 데이터 보호 적용. 사내 데이터(Graph) 연동하되 학습에는 미사용.
Hyper CLOVA X (Naver)	한국어 최적화, 국내 법규/정서 반영 우수. 공공/금융권 선호.	일반 사용자 대상 CLOVA X 제공 (학습 활용 가능).	Neurocloud(하이브리드 클라우드) 등을 통해 사내 데이터 보안 완벽 지원.
EXAONE (LG)	전문가용 AI(논문/특허/코드 학습). 이중언어(한/영) 능통. 경량화 모델 강점.	연구 목적 오픈소스 공개 (3.0/3.5 모델). B2B 중심.	구축형(On-Premise) 지원. 사내 보안 환경에 최적화된 ChatEXAONE 제공.
Wrtn (뤼튼)	국내 최적화 AI 포털. 하나의 플랫폼에서 GPT-4, Claude 등 다양한 최신 모델을 골라 쓸 수 있음(비용 효율성 높음).	무료로 다양한 모델 사용 가능 (학습 활용 동의 기반).	기업 전용 보안 환경 및 비즈니스 문구 생성 등 업무 특화 툴 제공.

   •• 우리 회사 AI 전환, 어떻게 시작할까?

선택보다 중요한 것은 목적

마지막으로 강조하고 싶은 점은, 어떤 서비스를 선택할지 고민하느라 너무 많은 시간을 쏟지 말라는 것입니다. 기술은 빠르게 변하고, 업무 환경에 따라 최적의 도구 역시 달라질 수 있습니다. 그렇기 때문에 도구 하나하나를 완벽하게 비교하기보다는, 목적에 어느 정도 부합한다고 판단되면 과감하게 선택하고 써보는 편이 낫습니다.

예를 들어 톡톡 튀는 마케팅 카피나 아이디어가 필요하다면 창의성이 강점인 서비스가 도움이 될 수 있고, 수십 장짜리 보고서를 읽고 핵심만 정리해야 한다면 긴 문맥을 잘 다루는 도구가 적합할 수 있습니다. 엑셀 데이터를 분석하거나 문서 작업이 중심이라면 업무 도구와 자연스럽게 연결되는 AI가 효율적일 것이고, 국내 법규나 정서를 반영한 문서나 전문적인 논문 분석이 필요하다면 해당 영역에 강점을 가진 AI를 고려해 볼 수 있습니다.

중요한 것은 정답을 고르는 일이 아니라, 직접 써보며 우리 회사의 업무에 맞는지를 확인하는 과정입니다. 완벽한 선택을 하려 애쓰기보다, 작게라도 시작해 보십시오. 사용해 보아야 비로소 그 도구가 우리 회사에 맞는 옷인지 알 수 있습니다.

여기서 살펴본 생성형 AI는 만능 해답이 아닙니다. 그러나 제대로 바라보고 쓰기 시작한다면, 생각을 정리하고, 일을 앞당기며, 사람의 판단을 돕는 강력한 동료가 될 수 있습니다. 중요한 것은 어떤 AI를 쓰느냐보다, 왜 쓰는지와 어떻게 쓰느냐입니다.

생성형 AI를 도입하는 일은 기술을 고르는 문제가 아니라, 일을 대하는 태도를 바꾸는 일에 가깝습니다. 작은 시도라도 좋습니다. 목적을 분명히 하고, 직접 써보고, 그 과정에서 배운 것을 다음 선택에 반영해 보십시오. 그렇게 쌓인 경험이 결국 우리 회사만의 AI 활용 방식이 됩니다. 이제부터는 같은 도구라도 어떻게 질문하고, 어떤 맥락을 주느냐에 따라 결과가 어떻게 달라지는지를 살펴보겠습니다.

질문이 곧 능력이다
(프롬프트 엔지니어링)

AI는 '개떡같이' 말하면 '개떡같이' 알아듣는다

생성형 AI를 처음 써본 직원들이 가장 많이 하는 불평은 "생각보다 답변이 뻔하다"는 것입니다. "마케팅 아이디어 좀 줘"라고 물었더니, 교과서에나 나올 법한 일반적인 이야기만 늘어놓더라는 것이죠. 하지만 냉정하게 말하면, 이는 AI의 잘못이 아니라 질문 방식에서 비롯된 사용자의 실수입니다.

AI의 성능은 이미 충분히 강력합니다. 문제는 질문의 '해상도'입니다. 사람에게 일을 맡길 때도 마찬가지입니다. 팀원에게 "일단 잘 좀 해봐"라고 모호하게 지시하면 결과물도 모호하게 나옵니다. 하지만 "지난달 A제품의 20대 구매 데이터를 바탕으로 B경쟁사와 비교한 1페이지 요약 보고서를 써줘"라고 구체적으로 요청하면 명확한 결과물을 받을 수 있습니다. AI를 대하는 법도 이와 똑같습니다. 그래서 "AI를 잘 쓰는 사람"은 결국 "프롬프트(질문)를 잘 쓰는 사람"입니다. 이를 돕기 위해 이미 전 세계적으로 검증된 프롬프트 공식들이 존재합니다.

질문의 격을 높이는 공식, RTF와 CO-STAR

좋은 프롬프트를 짜기 위해 애쓸 필요는 없습니다. 상황에 따라 다음 두 가지 공식을 활용하면 됩니다.

1) 빠르고 간결하게: 'RTF' 공식

가장 기본적이고 널리 쓰이는 공식입니다. 간단한 업무 지시나 빠른 요약이 필요할 때 유용합니다.

- R(Role, 역할): AI가 수행할 페르소나 (예: "너는 전문 번역가야")
- T(Task, 임무): 해야 할 일 (예: "이 문서를 한국어로 번역해")
- F(Format, 형식): 결과물의 형태 (예: "표(Table) 형식으로")

RTF 예시 "(R) 너는 10년 차 카피라이터야. (T) 이 제품 설명서를 보고 인스타그램용 광고 문구를 3개 작성해 줘. (F) 이모지를 포함한 불렛 포인트 형식으로."

2) 정교하고 디테일하게: 'CO-STAR' 공식

중요한 보고서나 창의적인 기획안을 만들 때는 더 세밀한 가이드가 필요합니다. 이때는 CO-STAR 프레임워크가 효과적입니다.

- C(Context, 맥락): 배경 정보나 상황 설명
- O(Objective, 목표): 작업의 구체적인 목적
- S(Style, 스타일): 특정 작가나 문체 스타일
- T(Tone, 어조): 글의 분위기(공식적, 친근함, 유머러스 등)
- A(Audience, 독자): 글을 읽는 대상
- R(Response, 형식): 결과물의 길이와 형태

이 공식은 AI에게 "누가, 왜, 어떻게, 누구를 위해" 써야 하는지를 완벽하게 알려주기 때문에 결과물의 품질이 획기적으로 높아집니다.

기업을 위한 마지막 퍼즐 '검증(Check)'을 더하라

하지만 기업의 업무 현장에서는 RTF나 CO-STAR만으로는 2% 부족할 때가 있습니다. 바로 AI의 고질적인 문제인 '할루시네이션(거짓 답변)'과 '부정확성' 때문입니다. 마케팅 문구라면 조금 틀려도 창의성으로 넘길 수 있지만, 경영진 보고서에 없는 숫자가 들어가면 치명적입니다.

그래서 기업용 프롬프트에는 기존 공식 뒤에 반드시 '검증(Check/ Constraint)' 단계를 추가해야 합니다.

검증(Check)의 예시

"반드시 제공된 데이터 내에서만 답변해."

"사실이 아닌 내용은 포함하지 마."

"수치적 근거와 출처를 명시해."

"가정이 들어갔다면 가정을 했다고 밝혀."

실전 적용 : CO-STAR + Check

"너는 전략기획팀장(Role)이야. (C) 우리는 내년도 신사업으로 헬스케어 시장 진출을 검토 중이야. (O) 경영진 보고를 위한 시장 분석 리포트를 작성해 줘. (A) 독자는 보수적인 투자 성향을 가진 임원들이야. (T) 객관적이고 분석적인 톤으로, (R) A4 1장 분량의 개조식 보고서로 써줘.

(Check) 단, 인터넷의 불확실한 정보 대신 내가 아래 첨부한 '2024 헬스케어 시장 동향' PDF 파일의 내용만을 근거로 작성하고, 모든 수치에는 해당 페이지를 주석으로 달아줘."

이렇게 검증 조건을 명확히 걸어주면, AI는 상상력을 억제하고 팩트 기반의 비즈니스 파트너로 모드를 전환합니다.

CO-STAR를 적용한 업무별 실전 프롬프트 사례

앞서 배운 CO-STAR 공식에 기업용 필수 요소인 '검증(Check)'을 더해, 실제 업무에서 바로 쓸 수 있는 프롬프트를 만들어보겠습니다. 다음 예시들은 가상의 기업 상황을 가정했지만, 각 요소(C-O-S-T-A-R-C)를 여러분의 업무에 맞게 갈아 끼우면 즉시 활용 가능합니다.

◆ **Case 1** 제조업 품질관리 리포트 작성

수작업으로 하던 주간 불량 분석을 AI에게 맡기는 상황입니다.

- (C: Context) 너는 네오테크전자 품질보증팀(QA) 엔지니어야. 아래 데이터는 지난주 하이라인 생산시스템에서 수집된 공정별 불량률과 검사 이력이야.

- (O: Objective) 이를 기반으로 팀 내부 회의를 위한 일일 품질 요약 보고서를 작성해 줘. 불량 유형별 발생 빈도와 원인을 분석하고, 전주 대비 개선 추세를 요약해야 해.

- (S: Style) 문제 해결 중심의 엔지니어링 보고서 스타일로 작성해.

- (T: Tone) 객관적이고 분석적인 어조를 유지해. 감정적인 표현은

배제해.

- (A: Audience) 독자는 품질 이슈에 민감한 QA팀장과 생산팀장이야.

- (R: Response) A4 1페이지 분량의 개조식으로 작성하되, 주요 수치는 마크다운 표로 정리해 줘. 원인은 인력(Man)/설비(Machine)/재료(Material) 세 가지 관점에서 분류해.

- (Check) 데이터에 없는 내용은 추측해서 쓰지 말고, 원인이 불명확하면 '분석 필요'로 표시해.

◆ Case 2 금융 리스크 모니터링 보고서

매달 반복되는 시장 리스크 분석 업무를 효율화하는 프롬프트입니다.

- (C: Context) 너는 퍼스트뱅크 리스크관리본부의 수석 데이터 분석가야. 우리가 보유한 주요 고객군의 부도율, 산업별 신용등급 변동, 금리 변동폭 데이터를 입력해 줄게.

- (O: Objective) 이 데이터를 분석해서 월간 리스크 트렌드 보고서를 작성해 줘. 향후 3개월간 우리 은행에 미칠 잠재적 위협을 식별하는 것이 목표야.

- (S: Style) 금융 당국에 제출하는 공식 보고서 스타일.

- (T: Tone) 보수적이고 전문적인 금융 용어를 사용해.

- (A: Audience) 은행의 최고위험관리책임자(CRO)와 경영진.

- (R: Response) 구성은 1) 요약(Executive Summary), 2) Top 3 리스크 요인, 3) 향후 3개월 예측, 4) 대응 권고사항 순서로 정리해 줘.

- (Check) 모든 예측에는 근거가 되는 데이터의 출처나 지표를 괄호 안에 명시해.

◆ `Case 3` **유통 마케팅 프로모션 성과 분석**

지난달 진행한 행사의 성과를 분석하고 다음 전략을 짜는 상황입니다.

- (C: Context) 너는 전국 120개 매장을 운영하는 리테일하우스의 마케팅 전략가야. 지난달 진행한 3가지 프로모션(할인, 쿠폰, 포인트 적립)의 매출 및 방문객 데이터를 줄게.

- (O: Objective) 각 프로모션별 매출 기여도와 ROI(투자 대비 효과)를 계산하고, 다음 분기에 집중해야 할 최적의 프로모션 유형을 제안해 줘.

- (S: Style) 전략 기획안 스타일.

- (T: Tone) 설득력 있고 확신에 찬 어조.

- (A: Audience) 예산 집행 권한을 가진 마케팅 본부장.

- (R: Response) 서론-본론-결론 구조로 작성하고, 성과 비교는 표(Table)로 시각화해 줘.

- (Check) 데이터가 불완전한 부분이 있다면 합리적인 가정을 세우고, 그 가정의 내용을 반드시 별도로 명시해 줘.

이처럼 CO-STAR 공식에 Check(검증)를 더하면, AI는 단순한 '글짓기'를 멈추고 여러분이 원하는 '비즈니스 결과물'을 정확하게 만들어냅니다.

프롬프트는 회사의 지적 자산이다

AI 도입 초기에는 개인기가 중요하지만, 결국 기업의 경쟁력은 이 개인기를 조직의 자산으로 만드는 데 달려 있습니다. AI를 잘 활용하는 기업은 단순히 비싼 기술을 도입한 곳이 아니라, 사내에서 축적된 프롬프트 자산을 체계적으로 관리하는 기업입니다.

◆ 문서에서 프롬프트로 이동하는 지식경영

지금까지의 지식경영이 문서와 매뉴얼을 중심으로 이루어졌다면, 앞으로의 지식경영은 프롬프트를 관리하는 시대로 바뀔 것입니다. 문서는 결과물의 기록이지만, 프롬프트는 그 결과를 만들어낸 생각과 문제 해결 과정의 기록이기 때문입니다. 이제는 문서를 잘 관리하는 회사보다 프롬프트를 잘 관리하는 회사가 경쟁력을 갖게 될 것입니다.

◆ 우리 회사만의 맥락을 담아라

모든 기업에는 고유한 업무 절차, 보고 체계, 고객군, 용어 체계가 존재합니다. 인터넷에 공개된 일반적인 프롬프트로는 이런 내부 맥락(Context)을 반영할 수 없습니다. 따라서 회사에 특화된 프롬프트는 외부에서 사오는 것이 아니라, 내부에서 직접 발굴하고 축적해야 합니다.

프롬프트는 한 번 만들고 끝나는 것이 아닙니다. 반복 사용과 피드백을 통해 계속 진화합니다. 실제 업무에서 사용할수록 길어지고, 세밀해지고, 팀의 사고방식에 맞게 다듬어집니다. 이것이 바로 프롬프트가 지식 자산인 이유입니다.

◆ 프롬프트 자산화를 위한 구체적 실행 방안

프롬프트를 지식 차원에서 관리하기 위해 다음의 방법들을 도입해 볼 수 있습니다.

첫째, 사내 프롬프트 경진대회입니다. 우수 프롬프트를 발굴하는 가장 좋은 방법입니다. 업무 효율을 가장 높인 프롬프트, 문서 품질을 가장 개선한 프롬프트 등 카테고리를 나눠 실제 사례를 공모하면 직원들의 참여를 유도할 수 있습니다.

둘째, 사내 프롬프트 북(Book) 제작입니다. 부서별로 자주 사용하는 프롬프트를 표준화해 PDF나 웹북 형태로 배포합니다. 핵심은 누구나 복사해서 바로 사용할 수 있을 정도로 간단하고 실용적으로 만드는 것입니다.

셋째, 프롬프트 재사용 정책입니다. 발굴된 우수 프롬프트를 사내 교육이나 신입 사원 온보딩 과정에 포함시킵니다. 신입 직원이 선배의 업무 노하우뿐만 아니라, 선배가 쓴 프롬프트까지 물려받아 바로 업무에 투입될 수 있도록 하는 것입니다.

답변을 넘어 실행으로, '바이브 코딩'의 시대

대부분의 기업은 아직 생성형 AI를 '답변을 얻는 도구'로만 인식하고 있습니다. 하지만 생성형 AI의 진짜 잠재력은 단순히 답을 주는 것이 아니라, 일을 진행하는 '중간 과정'을 자동화하고 확장하는 데 있습니다.

◆ AI는 끊어진 업무를 연결하고 실행하는 '자동화 도구'

우리가 흔히 하는 업무의 대부분은 여러 시스템과 도구를 오가며 반복되는 과정입니다. 사내 시스템에서 데이터를 내려받고, 엑셀로 가공하고, 이를 보고서에 옮겨 적는 식입니다. 이때 생성형 AI는 이 단절된 단계들을 스스로 연결해 주는 '중간 연결자'로 작동할 수 있습니다.

이제는 AI에게 "이 표를 요약해 줘"라고 묻는 수준을 넘어, "이 데이터를 정리하고 자동화 코드를 만들어줘"라고 지시할 수 있습니다. 예를 들어, ChatGPT나 Claude에게 "이 엑셀 데이터를 분석하는 VBA 매크로를 짜줘"라고 하면, 단순한 코드뿐 아니라 엑셀의 어느 버튼을 눌러야 하는지, 어디에 코드를 붙여넣어야 하는지까지 단계별로 안내해 줍니다. AI가 도구를 다루는 법을 알려주는 실행 파트너로 진화한 것입니다.

더 나아가 생성형 AI는 다음과 같이 사내 시스템 업무를 자동화하는 RPA(Robotic Process Automation) 역할까지 수행할 수 있습니다.

- **데이터 추출 자동화**: ERP나 CRM 시스템에서 필요한 데이터를 다운로드하는 매크로 코드를 자동 생성합니다.
- **업무 프로세스 연결**: 특정 시스템에 로그인한 후 데이터를 업로드하는 스크립트를 짭니다.
- **보고서 작성 자동화**: 매월 반복되는 KPI 보고서나 매출 집계표를 엑셀로 자동 정리하게 만듭니다.
- **배포 자동화**: 사내 인트라넷 게시판에 보고서를 업로드하거나 메일로 발송하는 프로세스를 구성합니다.

즉, 생성형 AI는 단순히 지시를 받는 비서가 아니라, 실제로 손발이 되어 움직이는 '디지털 노동력'이 되어가고 있습니다.

◆ '바이브 코딩(Vibe Coding)'의 시대가 온다

조금 더 나아가면, 이제 '바이브 코딩(Vibe Coding)'이라는 새로운 흐름이 열리고 있습니다. 코딩을 전혀 몰라도, "이런 느낌(Vibe)으로 만들어줘"라고 자연어로 말하면 AI가 알아서 코드를 짜고 앱을 만드는 방식입니다.

여기서 '이런 느낌'이란 막연한 감상이 아닙니다. "직원들이 한눈에 KPI를 볼 수 있도록 직관적인 대시보드 형태로 만들어줘"처럼, 사용자가 원하는 결과물의 흐름과 스타일을 설명하는 것입니다. 이미 사내 어딘가에서는 프로그래밍을 배운 적 없는 마케터나 인사 담당자가 AI를 이용해 엑셀 자동화 스크립트를 짜고, 간단한 웹 도구를 만들어 쓰고 있을지도 모릅니다.

◆ 실행 중심 활용을 위한 5가지 전략

AI를 '답변 자판기'가 아닌 '자동화 엔진'으로 쓰기 위해서는 다음과 같은 접근이 필요합니다.

① **질의에서 실행으로 전환**: "요약해줘" 대신 "요약하고 이를 매일 자동으로 처리할 매크로 코드를 짜줘"로 요청을 업그레이드하십시오.

② **반복 업무의 연결 고리 시각화**: 반복 업무를 단계별로 쪼개고, AI가 코드로 이어줄 수 있는 '빈틈'을 찾아야 합니다.

③ **사내 자동화 사례 공유**: 이미 AI로 업무를 자동화한 '비공식 혁신' 사례를 발굴해 템플릿으로 공유하십시오.

④ **보안 가이드라인 병행**: 자동화 코드가 사내 시스템에 접근할 때는 보안 사고의 위험이 있습니다. 정보보호 부서와의 협의가 필수입니다.

⑤ **'생성형 RPA' 역량 강화**: 기존의 RPA 팀이 AI를 활용해 더 빠르고 유연하게 자동화 도구를 만들도록 지원해야 합니다.

  • • 우리 회사 AI 전환, 어떻게 시작할까?

팀의 전술로 확산되는
기업형 AI 사용

AI 전환이 특정인의 능력이 아니라 조직 전체의 경쟁력이 되려면, 개인의 노력을 뒷받침할 시스템과 리더십이 필수적입니다.

▍ 개인 계정을 넘어 '기업형 솔루션'으로

이 문제를 해결하는 가장 현실적인 대안은 조직 단위에서 기업형 AI 솔루션을 도입하는 것입니다.

◆ 핵심 성능은 그대로, 보안을 입힌 기업 전용 환경

기업형 AI 솔루션은 직원들이 굳이 ChatGPT나 Claude 웹사이트에 접속하지 않더라도, 회사만의 안전한 환경에서 동일한 AI 성능을 누릴 수 있게 해줍니다. 이 솔루션들은 겉으로는 OpenAI나 Anthropic, Google의 최신 모델을 그대로 사용하는 것처럼 보이지만, 그 이면에는 외부 계정을 거치지 않는 조직용 보안 시스템이 작동하고 있습니다.

덕분에 기업은 직원들의 사용 내역을 투명하게 관리할 수 있고, 무엇보다 우리 회사의 민감한 정보가 AI 모델 학습용으로 빠져나가는 것을 기술적으로 차단할 수 있습니다. 또한 하나의 솔루션 안에서 ChatGPT, Claude, Gemini 등 다양한 최신 모델을 골라 쓸 수 있어, 모델마다 따로 계약해야 하는 번거로움을 덜고 관리 포인트도 하나로 줄일 수 있습니다.

◆ 우리 회사를 아는 AI, RAG 기술의 활용

기업형 솔루션의 진짜 무기는 바로 사내 지식과의 연결입니다. 이를 기술적으로는 RAG(검색 증강 생성)라고 부르는데, 쉽게 말해 AI에게 우리 회사 규정집이나 지난달 실적 보고서 같은 참고서를 쥐여주는 것과 같습니다.

일반적인 ChatGPT에게 우리 회사 경조사비 규정이 뭐냐고 물으면 당연히 답을 못합니다. 하지만 사내 문서를 연동한 기업형 솔루션은 사내 복지 규정 제12조에 따라 결혼 축하금은 50만 원입니다라고 정확하게 짚어냅니다. 이렇게 되면 AI는 단순한 대화 상대를 넘어, 우리 회사의 내부 사정을 훤히 꿰뚫고 있는 똑똑한 통합 비서가 되는 셈입니다.

<table>
<tr><th colspan="2">주요 기업형 AI 솔루션 예시</th></tr>
<tr><th>솔루션</th><th>주요 특징</th></tr>
<tr><td>웍스AI(WorksAI)</td><td>기업 전용 생성형 AI 포털. 사내 문서 기반 답변(RAG), 팀별 지식 공유, 보안 모니터링 기능을 통합 제공하여 업무 효율 극대화.</td></tr>
<tr><td>솔트룩스(Saltlux) / 루시아</td><td>문서 검색·요약 중심의 RAG 기반 챗봇. 공공기관 및 금융권 기준의 높은 보안 설계와 구축형(On-Premise) 옵션 제공.</td></tr>
<tr><td>올거나이즈(Allganize) / Alli</td><td>사내 시스템 연동형 챗봇. 사내 문서뿐 아니라 ERP·CRM 등과 연동하여 복잡한 업무 자동화에 강점.</td></tr>
<tr><td>Kore.ai (글로벌)</td><td>엔터프라이즈급 대화형 AI 플랫폼. IT, HR 등 다양한 업무 워크플로우 자동화 및 에이전트 구축 지원.</td></tr>
<tr><td>Moveworks (글로벌)</td><td>내부 임직원 지원(Helpdesk) 특화. IT·HR·회계 관련 문의를 대화형 AI로 자동 처리하여 운영 효율 극대화.</td></tr>
</table>

이러한 솔루션들은 모두 사내 문서 연결(RAG), 보안 및 접근 제어(SSO), 사용 로그 모니터링 기능을 기본으로 포함하고 있습니다. 따라서 기업은 복잡한 개발 없이도 안전하고 효율적으로 '우리 회사만의 AI'를 즉시 운영할 수 있게 됩니다.

리더가 먼저 알아야 지시할 수 있다

마지막으로, 이 모든 확산 과정에서 가장 중요한 변수는 리더십입니다. 안타깝게도 많은 임원들이 AI를 '관찰자' 입장에서 바라봅니다. 회의 시간에 직원이 AI로 요약한 보고서를 가져오면 "이거 AI로 만든 건가?"라고 묻는 수준에 머무르는 경우가 많습니다.

◆ 왜 임원들은 AI와 거리두기를 하는가?

임원들이 AI를 제대로 이해하고 활용하지 못하는 데는 단순히 기술이 어려워서가 아닌, 다음과 같은 현실적인 장벽들이 존재합니다.

- **시간의 제약:** 빡빡한 일정 탓에 새로운 도구를 진득하게 실습해 볼 여유가 부족합니다.
- **심리적 거리감:** AI를 '실무자의 영역'으로 치부하고, 스스로는 전략적 판단만 하면 된다고 선을 긋는 경향이 있습니다.
- **기술 언어 장벽:** 프롬프트, RAG, LLM 같은 생소한 용어들이 학습의 진입 장벽을 높입니다.
- **교육 기회의 부재:** 실무자 대상 교육은 넘쳐나지만, 경영진의 눈높이에 맞춘 전략적 AI 교육은 드뭅니다.
- **성과 불확실성:** 당장 이것이 숫자로 된 경영 성과로 이어질지 확신이 서지 않아 적극적인 참여를 주저합니다.

이러한 요인들이 복합적으로 작용하여, 많은 리더들이 "관심은 있지만 실천은 부족한 상태"에 머물러 있습니다. 현재 대부분의 임원들이 AI를 활용하는 수준은 아래와 같은 '기초 체험' 단계에 그치고 있습니다.

<table>
<tr><td colspan="3" align="center">기초 단계에 머무는 임원들의 AI 활용 패턴</td></tr>
<tr><td align="center">활용 형태</td><td align="center">예시 질문</td><td align="center">특징 및 한계</td></tr>
<tr><td align="center">보고서 요약</td><td align="center">"이 문서 세 줄로 요약해줘."</td><td align="center">내용을 빨리 파악하는 데 그침
(분석적 활용 X)</td></tr>
<tr><td align="center">용어 확인</td><td align="center">"RAG가 뭐야? LLM은 무슨
뜻이야?"</td><td align="center">AI를 단순 검색창(네이버/구글)
처럼 사용</td></tr>
<tr><td align="center">문서 다듬기</td><td align="center">"이 문장 좀 부드럽게 바꿔줘."</td><td align="center">표현을 정제하는 비서 역할에
한정</td></tr>
<tr><td align="center">초안 작성</td><td align="center">"발표 제목 몇 개 뽑아줘."</td><td align="center">아이디어 수준에 머물며 구체
적 실행 계획 부족</td></tr>
<tr><td align="center">브레인스토밍</td><td align="center">"신사업 아이디어 좀 줘봐."</td><td align="center">막연한 질문으로 인해 답변도
추상적임</td></tr>
</table>

◆ '알아야 면장'인 시대

하지만 리더가 이처럼 '보고서 요약'이나 시키는 수준에 머물러서는 조직을 변화시킬 수 없습니다. 과거에는 기술을 몰라도 큰 방향을 지시할 수 있었지만, AI 시대는 다릅니다. 속담 그대로 "알아야 면장(面長)도 하는 시대입니다. (免面牆으로 쓰이는 경우도 있지만, 여기서는 리더의 자격을 강조하는 의미로 사용했습니다.)

리더가 AI를 모르면 두 가지 치명적인 실수를 저지릅니다. 첫째, 불가능한 지시를 내립니다. 데이터가 없는데 예측을 하라고 하거나, AI가 할 수 없는 창의적 판단을 기계에 맡기라고 닦달합니다. 둘째, 너무 쉬운 지시에 만족합니다. AI로 10분이면 끝날 데이터 정리를 3일 동안 하라고 지시하며, 비효율을 방치합니다.

◆ 리더의 AI 리터러시는 코딩이 아니라 '설계'다

리더가 배워야 할 AI 리터러시는 파이썬 코딩이나 알고리즘 이론이 아닙니다. 비즈니스의 난제를 해결하기 위해 "AI에게 무엇을 시킬 것인가"를 정의하는 능력입니다.

- **관찰자형 리더**: "AI가 요즘 핫하다던데, 우리도 뭐 좀 해봐."(모호한 지시)
- **설계자형 리더**: "우리 고객 상담 데이터가 방대한데, 이걸 AI로 분석해서 이탈 징후를 3단계로 분류해 보는 건 어때? 보안 이슈는 어떻게 해결할 수 있지?"(구체적 지시)

이제 임원의 역할은 단순히 예산을 승인하는 것이 아닙니다. 우리 비즈니스의 가치 사슬(Value Chain) 중 어디를 AI로 끊어내고 효율화할 것인지 설계하는 '아키텍트(Architect)'가 되어야 합니다. 이를 위해 많은 선도 기업들이 임원 대상의 AI 전략 워크숍을 의무화하고 있습니다.

결국 AI 전환은 기술 도입으로 시작해서 문화 정착으로 완성됩니다. 좋은 도구(솔루션)를 쥐여주고, 쓰는 법(프롬프트)을 공유하며, 리더가 앞장서서 전략적으로 활용하는 조직만이 AI를 진짜 경쟁력으로 만들 수 있습니다.

대화형 AI를 넘어 행동하는
에이전트의 시대

지금까지 우리는 AI에게 "이메일을 써줘", "그림을 그려줘"라고 부탁하는 법을 배웠습니다. 그리고 이를 조직에 확산하는 방법까지 논의했습니다. 하지만 AI 기술의 진화는 여기서 멈추지 않습니다. 이제 AI는 화면 속에서 말만 하는 챗봇을 넘어, 스스로 계획하고 도구를 사용하여 과업을 완수하는 '행동하는 AI'로 진화하고 있습니다. 이를 에이전트 AI(Agentic AI)라고 부릅니다. 이 변화는 생성형 AI가 단순한 도구를 넘어, 우리와 함께 실무를 뛰는 진정한 '디지털 동료'로 완성되는 마지막 퍼즐과도 같습니다.

생성형 AI가 '말 잘하는 컨설턴트'였다면, 이제 등장하는 에이전트 AI는 '손발이 달린 실무자'입니다. 가장 큰 차이는 '자율성(Autonomy)'과 '실행력(Execution)'에 있습니다. 예를 들어, 마케팅 팀장이 "경쟁사 A의 이번 달 신제품 반응을 조사해서 보고해 줘"라고 지시했다고 가정해 봅시다. 과거의 ChatGPT라면 경쟁사에 대한 일반적인 정보를 요약해 주거나 보고서의 목차를 잡아주는 정도에 그쳤을 것입니다. 결국 검색하고, 데이터를 엑셀에 옮기고, 문서를 만드는 건 사람의 몫이었습니다.

하지만 에이전트 AI는 다릅니다. 지시를 받는 순간 스스로 계획을 세웁니다. 첫째, 백그라운드에서 뉴스 기사와 SNS 반응을 크롤링하여 데이터를 수집합니다. 둘째, 사내 매출 시스템에 API로 접속해 우리 제품과의 비교 데이터를 뽑습니다. 셋째, 이 정보들을 종합해 PPT 장표를 만들고, 마지막으로 팀장에게 슬랙(Slack)으로 "보고서 초안이 완성되었습니다"라는 메시지와 함께 파일을 전송합니다. 이 모든 과정에서 AI는 사람의 도움 없이 스스로 판단하고 도구(Tool)를 갈아 끼우며 일을 처리합니다. AI에게 비로소 '손발'이 생긴 것입니다.

에이전트가 이처럼 유능하게 일하려면 연결의 표준인 MCP(Model Context Protocol)가 필수적입니다. 에이전트가 업무를 수행하려면 회사의 데이터베이스, 슬랙, 구글 드라이브 등 다양한 시스템에 자유롭게 드나들 수 있어야 합니다. 과거에는 이를 위해 개발자들이 일일이 전용 케이블을 연결하듯 복잡한 코드를 짜야 했고, 이는 에이전트 도입을 가로막는 가장 큰 장벽이었습니다.

이때 등장한 해결책이 바로 앤트로픽(Anthropic) 등이 주도하는 기술 표준인 MCP입니다. 이는 일종의 'AI 연결 표준'으로, 마치 컴퓨터의 USB 포트와 같습니다. 우리가 마우스나 프린터를 USB에 꽂으면 바로 작동하듯, MCP 표준을 따르는 시스템이라면 어떤 AI 모델이든 즉시 연결하여 데이터를 읽고 쓸 수 있게 됩니다. 이제 기업은 복잡한 연동

　　

개발 없이도, AI 에이전트를 우리 회사의 심장부인 ERP나 CRM에 안전하고 빠르게 투입할 수 있게 되었습니다.

미래의 협업은 AI끼리 회의하는 '오케스트레이션(Orchestration)' 형태로 진화할 것입니다. 한 명의 슈퍼 천재가 회사의 모든 일을 다 할 수 없듯이, AI도 전문 분야가 나뉩니다. 데이터 분석을 잘하는 에이전트, 글을 기가 막히게 쓰는 에이전트, 코딩을 전문으로 하는 에이전트가 서로 대화하며 일하는 A2A(Agent to Agent) 시스템이 구축될 것이기 때문입니다. 이를 '멀티 에이전트 오케스트레이션'이라고 부릅니다. 사람이 "다음 분기 신제품 런칭 캠페인을 준비해"라고 한마디만 하면, 'PM 에이전트'가 전체 일정을 짜고, '분석 에이전트'에게 시장 조사를 시키고, 그 결과를 바탕으로 '카피라이터 에이전트'에게 문구를 받아와 최종 기획안을 완성합니다. 사람이 개입하지 않아도 그들은 자기들끼리 결과물을 주고받고 수정하며 완성도를 높여갑니다.

우리는 지금 '코파일럿'의 시대를 지나 '오토파일럿'의 시대로 넘어가고 있습니다. 코파일럿이 운전석에 앉은 사람을 옆에서 돕는 역할이었다면, 에이전트(오토파일럿)는 사람이 뒷좌석에서 감독하는 동안 스스로 운전대를 잡고 목적지까지 가는 존재입니다. 물론, 에이전트에게 모든 것을 맡기고 방관하라는 뜻은 아닙니다. AI가 더 많은 권한을 가질수록, 그 결과에 대한 책임과 검증은 더욱 중요해집니다. 사람은 이제 '실무자'의 역할에서 벗어나, 에이전트들이 올바른 방향으로 일하고 있는지 감시하고 조율하는 '관리자(Manager)'의 역할로 변화해야 합니다.

이러한 변화의 끝에는 기업 간의 거래도 자동화되는 '에이전트 경제(Agent Economy)'가 기다리고 있습니다. 앞으로는 구매 담당자가 일일이 공급업체에 전화를 돌리고 견적을 비교하는 것이 아니라, 우리 회사의 '구매 에이전트'가 공급사의 '영업 에이전트'와 소통하여 최적의 조건으로 원자재를 조달해 오는 세상이 될 것입니다. 에이전트끼리 재고 상황과 시세를 실시간으로 확인하고, 가격을 협상하며, 계약 체결까지 진행하는 B2B 거래의 자동화가 이루어질 가능성이 큽니다.

지금 에이전트 기술에 관심을 가져야 하는 이유는 단순히 업무 효율 때문만이 아닙니다. 이것이 향후 비즈니스의 기본 문법을 바꿀 거대한 파도이기 때문입니다. AI에게 일을 시키는 법을 배우는 것, 그것이 다가올 에이전트 시대를 준비하는 가장 확실한 투자입니다.

검색을 넘어
AI에게 선택받는 기술(GEO)

고객은 이제 검색하지 않고 대화한다

우리는 그동안 생성형 AI를 업무 효율을 높여주는 도구로만 바라보았습니다. 하지만 시야를 조금만 돌려 우리 고객들이 이 기술을 어떻게 쓰고 있는지 살펴보면, 기업의 생존을 위협할지도 모르는 거대한 변화가 감지됩니다. 고객들이 궁금한 것이 생겼을 때 구글이나 네이버의 검색창을 여는 대신, ChatGPT나 Claude 같은 대화형 AI에게 묻기 시작했다는 사실입니다.

이 변화는 단순히 검색 도구가 바뀐 것을 넘어, 정보가 유통되고 소비되는 방식 자체가 근본적으로 달라졌음을 의미합니다. 과거에는 소비자가 검색창에 키워드를 입력하고, 화면에 나열된 수십 개의 파란색 링크를 하나하나 클릭하며 정보를 직접 취합했습니다. 이 과정에서 기업의 목표는 명확했습니다. 어떻게든 검색 결과의 첫 페이지, 그 중에서도 가장 상단에 우리 웹사이트를 노출시켜 소비자의 클릭을 유도하는 것이었습니다. 이것이 우리가 지난 20년간 목숨 걸고 매달려온

SEO(Search Engine Optimization), 즉 검색 엔진 최적화의 법칙이었습니다.

하지만 생성형 AI가 지배하는 세상의 법칙은 다릅니다. AI는 사용자에게 수십 개의 링크를 던져주고 알아서 찾으라고 하지 않습니다. 대신 사용자의 질문을 이해하고, 방대한 데이터베이스를 분석하여 단 하나의 최적화된 답변을 생성해 냅니다. 소비자는 더 이상 링크를 헤매지 않으며, AI가 내놓은 요약된 답변을 신뢰하고 그 안에서 의사결정을 내립니다.

이제 기업의 마케팅 목표는 검색 순위 1등이 아니라, AI가 생성하는 답변 속에 우리 브랜드가 포함되는 것이 되어야 합니다. 우리 제품이 신뢰할 수 있는 출처로 인용되거나, 추천 목록의 최우선 순위에 오르도록 만드는 것. 이것이 바로 SEO를 넘어선 새로운 디지털 생존 전략, GEO(Generative Engine Optimization), 즉 생성형 엔진 최적화입니다.

SEO와 GEO, 게임의 법칙이 바뀌었다

많은 마케터가 GEO를 단순히 AI 시대에 맞춰 조금 변형된 SEO 정도로 생각하지만, 둘은 태생부터 다른 접근 방식을 요구합니다. 가장 큰 차이는 우리가 설득해야 할 대상이 달라졌다는 점입니다. SEO가 검색 로봇(Crawler)의 알고리즘에 맞춰 키워드와 링크 구조를 최적화하는 기술이라면, GEO는 답변을 생성하는 거대언어모델(LLM)이 우리 콘텐츠를 잘 이해하고 신뢰할 수 있도록 권위와 문맥을 관리하는 전략입니다.

이 차이를 명확히 이해하기 위해 두 전략을 비교해 보겠습니다.

<table>
<tr><td colspan="3" align="center">전통적 SEO vs 차세대 GEO 비교</td></tr>
<tr><td>구분</td><td>SEO(검색 엔진 최적화)</td><td>GEO(생성형 엔진 최적화)</td></tr>
<tr><td>목표</td><td>검색 결과 상단 노출 및 웹사이트 유입(Click)</td><td>AI 답변 내 인용 및 브랜드 추천(Mention)</td></tr>
<tr><td>타겟</td><td>검색 엔진 크롤러(Search Bot)</td><td>거대언어모델(LLM)</td></tr>
<tr><td>핵심 요소</td><td>키워드 반복, 백링크, 페이지 속도</td><td>권위(Authority), 인용(Citation), 구조화(Structure)</td></tr>
<tr><td>성공 지표</td><td>방문자 수, 클릭률(CTR), 체류 시간</td><td>점유율(Share of Voice), 인용 횟수, 감정 분석</td></tr>
<tr><td>콘텐츠 전략</td><td>검색 키워드 중심의 정보 나열</td><td>질문에 대한 명확한 답변(Q&A), 전문가의 통찰</td></tr>
</table>

SEO의 세계에서 2등은 1등보다 클릭률이 조금 떨어질 뿐, 여전히 의미 있는 성과를 낼 수 있었습니다. 하지만 GEO의 세계는 승자독식의 성격이 훨씬 강합니다. AI는 사용자의 질문에 대해 가장 확률적으로 적절하다고 판단되는 소수의 정보만을 선택해 답변을 구성합니다. 만약 우리 브랜드가 AI의 선택을 받지 못한다면, 소비자의 시야에서 완전히 사라지게 되는 셈입니다. 즉, 검색 결과 1페이지에 노출되는 것이 아니라, AI가 말하는 단 하나의 정답이 되어야 하는 훨씬 더 치열한 게임이 시작된 것입니다.

AI의 선택을 받는 4가지 핵심 승부처

그렇다면 AI는 도대체 어떤 기준으로 정보를 선택하고 답변을 생성할까요? 생성형 AI는 확률에 기반하여 다음에 올 가장 적절한 단어를 예측하는 모델입니다. 따라서 AI가 우리 브랜드를 언급하게 하려면, AI의 학습 데이터 속에서 우리 브랜드가 확률적으로 신뢰할 수 있고, 질문과 연관성이 높으며, 권위 있는 정보로 인식되어 있어야 합니다.

최근 발표된 여러 GEO 관련 연구와 실무 사례들을 종합해 볼 때, AI의 선택을 받기 위해서는 다음 네 가지 핵심 요소를 반드시 갖춰야 합니다.

첫째, 인용 관리(Cite Management)입니다. 이는 신뢰할 수 있는 출처를 확보하는 싸움입니다.

생성형 AI의 가장 큰 약점은 없는 사실을 지어내는 환각(Hallucination) 현상입니다. 이를 방지하기 위해 최신 AI 모델들은 답변을 생성할 때 필사적으로 근거를 찾습니다. 이때 위키백과, 공신력 있는 주요 언론사 뉴스, 정부 기관의 보고서, 업계 1위의 전문 리뷰 사이트 등에서 언급된 정보는 AI에게 검증된 사실로 받아들여집니다. 반면 출처가 불분명한 개인 블로그나 홍보성 게시글은 신뢰도 점수가 낮아 답변 생성 시 배제될 가능성이 큽니다. 따라서 GEO 전략의 첫걸음은 우리 브랜드의 이름이 AI가 신뢰하는 티어 1(Tier 1) 매체에 자주, 그리고 정확하게 등장하도록 PR 활동을 집중하는 것입니다. AI는 클릭을 유도하는 자극적인 제목보다, 신뢰할 수 있는 출처의 묵직한 한 줄을 더 선호합니다.

둘째, 인용구 활용(Quotation)입니다. 전문가의 권위를 빌려 AI를 설득하는 방법입니다.

GEO 연구에 따르면, AI는 밋밋한 서술문보다 따옴표로 묶인 전문가의 멘트를 답변에 인용하는 것을 선호하는 경향이 있습니다. 이는 답변의 전문성과 신뢰도를 높여주는 좋은 재료가 되기 때문입니다. 따라서 홍보 문구를 작성할 때 단순히 기능을 나열하기보다는, CEO나 최고기술책임자(CTO), 혹은 제3의 학계 전문가가 "이 기술은 업계의 판도를 바꿀 게임 체인저가 될 것입니다"라고 말한 직접 인용구를 포함시키는 것이 유리합니다. AI는 이 문장을 통째로 가져다가 전문가들은 "이 기술을 혁신적으로 평가하고 있습니다"라는 문장으로 재가공하여 답변을 생성할 것입니다. 콘텐츠에 따옴표를 넣으십시오. 그것은 AI가 자신의 답변을 꾸미기 위해 가장 탐내는 액세서리입니다.

셋째, 통계와 수치(Statistics)입니다. 숫자는 AI가 가장 좋아하는 언어입니다.

기업들은 흔히 우리 제품은 매우 빠릅니다, 업계 최고의 성능을 자랑합니다 같은 형용사 중심의 홍보 문구에 익숙합니다. 하지만 AI 입장에서 이런 주관적인 표현은 검증할 수 없는 노이즈에 불과합니다. 대신 벤치마크 테스트 결과 타사 대비 처리 속도가 34% 향상되었습니다, 사용자 재구매율이 92%에 달합니다처럼 구체적인 숫자가 포함된 문장은 팩트(Fact)로 인식될 확률이 비약적으로 높아집니다. AI는 모호한 표현을 싫어합니다. 웹사이트와 보도자료에서 막연한 수식어를 걷어내고, AI가 읽어가기 좋은 정량적인 데이터를 채워 넣어야 합니다. 숫자는 AI에게 가장 강력한 설득의 도구이자, 우리 브랜드를 사실의 영역에 위치시키는 닻과 같은 역할을 합니다.

넷째, 동시 출현(Co-occurrence)입니다. AI의 머릿속에서 우리 브랜드의 이웃을 만들어주는 작업입니다.

거대언어모델은 단어와 단어 사이의 거리를 벡터(Vector)로 계산해 개념 간의 관계를 파악합니다. 즉, 우리 브랜드가 어떤 단어들과 함께 자주 등장하느냐가 AI가 우리를 정의하는 기준이 됩니다. 만약 우리 브랜드가 친환경, 지속 가능성, 혁신 같은 키워드와 한 문장 안에서 자주 언급된다면, AI는 친환경적인 혁신 기업을 추천해 줘라는 질문을 받았을 때 확률적으로 우리 브랜드를 떠올리게 됩니다. 또한 경쟁사 이름과 함께 비교되는 콘텐츠를 의도적으로 늘리는 것도 중요합니다. 업계 1위 기업과 나란히 언급되는 횟수가 늘어날수록, AI는 우리 브랜드를 해당 카테고리의 주요 플레이어로 인식하게 됩니다. AI에게 우리 회사는 외딴섬이어서는 안 됩니다. 우리가 속하고 싶은 카테고리의 대표 키워드들 틈바구니에 우리 브랜드를 끊임없이 위치시켜야 합니다.

결국 GEO는 기술적인 팁을 넘어선 브랜드의 총체적인 평판 관리 전략입니다. 과거의 SEO가 검색 로봇을 위해 기계적인 최적화를 수행했다면, GEO는 사람처럼 생각하고 판단하는 AI를 설득하기 위해 더 높은 수준의 콘텐츠 품질과 신뢰성을 요구합니다. 우리가 AI를 비서로 부리는 것만큼이나, AI가 우리 브랜드를 가장 믿을 만한 해답으로 선택하도록 데이터를 정돈하고 관리하는 것. 그것이 다가올 에이전트 시대에 우리 브랜드가 살아남는 또 하나의, 그리고 가장 강력한 생존 전략이 될 것입니다.

GEO 실행을 위한 3단계 전략
: 분석하고, 만들고, 정돈하라

GEO를 성공적으로 수행하기 위해서는 단순히 마케팅 부서의 아이디어만으로는 부족합니다. 4장에서 다룰 맞춤형 AI의 분석 능력, 지금 우리가 3장에서 다루고 있는 생성형 AI의 창작 능력, 그리고 7장에서 상세히 설명할 데이터 인프라의 견고함이 유기적으로 결합되어야만 비로소 AI의 선택을 받을 수 있습니다.

이는 마치 전쟁에 나가기 전, 정찰병을 보내 적의 동태를 살피고(분석), 최신 무기로 무장하며(창작), 보급로를 정비하는(데이터) 과정과 같습니다. 기업이 당장 내일부터 실행에 옮길 수 있는 구체적인 3단계 로드맵을 제시합니다.

◆ `1단계` 시장 분석(Sensing): 맞춤형 AI로 질문을 예측하라

적을 알고 나를 알면 백전백승이라 했습니다. GEO의 시작은 고객이 과연 AI에게 무엇을 물어볼지 알아내는 것입니다. 이를 위해 기업은 텍스트 분석에 특화된 맞춤형 AI(4장 참조)를 활용해야 합니다. 단순히 검색량이 많은 키워드를 찾는 수준을 넘어, 고객의 마음속에 숨겨진 의도와 맥락을 읽어내는 것이 핵심입니다.

- **VOC 및 감성 분석(Sentiment Analysis):** 소셜 미디어와 온라인 커뮤니티, 그리고 자사 리뷰 데이터를 모아 맞춤형 AI에게 감성 분석과 연관어 분석을 맡겨보십시오. 예를 들어, 고객들이 우리 브랜드의 노트북을 이야기할 때 가성비라는 단어보다 발열 관리나 AS 편

의성이라는 단어를 80% 이상 더 많이 사용하고 있다면, 이것이 바로 시장이 우리를 정의하는 언어입니다. 그렇다면 우리의 GEO 전략 키워드는 저렴한 노트북이 아니라 가장 안정적인 노트북이나 서비스가 좋은 노트북이 되어야 합니다.

- **트렌드 예측(Trend Forecasting):** 뉴스 데이터와 특허 출원 현황 등을 분석해 다음 달에 급부상할 트렌드 키워드를 미리 포착하는 것도 중요합니다. 남들이 이미 선점한 키워드에 뒤늦게 뛰어드는 것은 비용 대비 효과가 낮습니다. 맞춤형 AI가 찾아낸 상승 트렌드의 초입에 미리 깃발을 꽂고 콘텐츠를 깔아두면, 해당 트렌드가 폭발할 때 AI는 우리 브랜드를 그 분야의 원조이자 대표 주자로 인용하게 될 것입니다.

♦ **2단계** **콘텐츠 최적화(Optimization): 생성형 AI로 글을 써라**

우리가 공략해야 할 대상이 생성형 AI라면, 그 공략 무기 역시 생성형 AI가 되어야 합니다. 이 단계에서는 두 가지 구체적인 전술을 구사할 수 있습니다.

- **레드 티밍(Red Teaming, 모의 훈련):** ChatGPT나 Claude 같은 대화형 AI에게 경쟁사 제품을 추천해 달라고 요청해 보십시오. 그리고 집요하게 물어봐야 합니다. 왜 경쟁사를 1순위로 추천했는지, 우리 브랜드는 왜 추천 목록에서 빠졌는지, 추천의 근거가 된 데이터는 어디서 가져왔는지 역으로 질문하는 것입니다. AI가 털어놓는 추천의 기준과 로직이 곧 우리가 보완해야 할 약점이자 공략 포인트가 됩니다.

- **리라이팅(Rewriting, 재작성):** 많은 기업 홈페이지나 기술 블로그

의 글은 사람이 읽기에는 좋을지 몰라도, AI가 학습하기에는 지나치게 문학적이거나 추상적인 경우가 많습니다. 이때 생성형 AI에게 우리 회사의 딱딱한 설명문을 입력하고, AI가 답변에 인용하기 좋은 Q&A 형식이나 구조화된 요약문으로 바꿔달라고 요청하십시오. AI가 직접 다듬은 문장은 AI의 알고리즘이 이해하기 가장 편안한 구조를 갖추게 됩니다. 이렇게 최적화된 콘텐츠를 웹사이트와 배포 자료에 적용하는 것이야말로 가장 확실한 최적화 방법입니다.

◆ 3단계 데이터 구조화(Structuring): 데이터에 이름표를 달아라

마지막 단계는 데이터에 이름표를 다는 과정입니다. 이는 마케팅의 영역을 넘어 7장에서 다루게 될 전사적 데이터 거버넌스와 직결되는 문제입니다. 아무리 좋은 콘텐츠를 만들어 배포해도, 외부의 AI가 우리 정보를 수집해 갈 때 혼란을 겪는다면 모든 노력이 물거품이 됩니다.

- **마스터 데이터 관리(MDM)**: 가장 흔한 실수는 브랜드와 제품명의 불일치입니다. 홈페이지에는 공식 명칭인 A-Pro로 적혀 있고, 보도자료에는 한글로 에이프로, SNS 채널에는 애칭인 갓프로로 적혀 있다면, AI는 이들을 서로 다른 세 개의 제품으로 인식하여 데이터의 가중치를 분산시킵니다. 따라서 기업은 온라인상의 모든 채널에서 브랜드와 제품명을 통일하는 작업을 선행해야 합니다.

- **메타데이터 태깅(Metadata Tagging)**: 이미지나 영상 데이터에도 AI가 읽을 수 있는 이름표, 즉 메타데이터를 달아주어야 합니다. 웹사이트에 올라가는 제품 이미지 파일명을 의미 없는 숫자 나열인 IMG_001.jpg로 방치하지 말고, 2025년_최신형_공기청정기_거실용.jpg처럼 구체적인 속성을 담아 변경해야 합니다. 그래야만 거

실용 공기청정기를 추천해 달라는 사용자의 질문에 AI가 우리 제품 이미지를 찾아내어 답변에 띄울 수 있습니다.

결론적으로 GEO는 마케팅 부서 혼자서 할 수 있는 일이 아닙니다. 데이터를 분석하는 맞춤형 AI의 눈, 콘텐츠를 생산하는 생성형 AI의 손, 그리고 이 모든 정보가 흐르는 길을 정비하는 데이터 인프라 조직이 함께 움직여야 합니다. 안에서 데이터가 잘 정리된 기업이 밖에서도 AI의 선택을 받습니다. 데이터 거버넌스가 곧 디지털 평판 관리의 시작임을 기억하십시오. 이것이 다가올 에이전트 시대에 우리 브랜드가 살아남는 가장 확실하고 강력한 생존 전략입니다.

제4장

맞춤형 AI의 가치와 활용

맞춤형 AI란 무엇인가?

맞춤형 AI의 정의: 분석하고, 예측하며, 판단을 돕는다

생성형 AI가 '말 잘하는 문과생'이라면, 맞춤형 AI는 '답을 찾는 이과생'입니다. 생성형 AI(Generative AI)가 화려하게 세상을 바꾸기 전, 이미 기업 현장에서는 AI를 써오고 있었습니다. 다만 그때의 AI는 지금처럼 문장을 쓰거나 그림을 그리는 '창작자'가 아니라, 데이터를 분석해서 '판단'하는 존재였습니다.

이러한 형태의 AI를 이 책에서는 편의상 '맞춤형 AI(Custom AI)'라고 부르겠습니다. 기업의 특정 목적과 데이터를 중심으로 설계된, 즉 업무에 맞게 "맞춤 제작된 AI"를 통칭하는 표현입니다.

◆ 왜 '분석'과 '예측'인가?

물론 학술적으로나 기술적으로 AI를 분류하는 방법은 무수히 많습니다. 데이터 라벨링 유무에 따라 지도학습과 비지도학습으로 나누기도 하고, 알고리즘의 형태에 따라 규칙 기반(Rule-based), 머신러닝, 딥러닝 등으로 구분하기도 합니다.

하지만 기업 경영의 현장에서 "이것이 CNN 알고리즘인가, 트랜스포머인가?"를 따지는 것은 큰 의미가 없습니다. 경영진과 실무자의 머릿속에는 항상 본질적인 두 가지 질문만이 존재하기 때문입니다.

"지금 우리 상태가 어떤가?" (현황 파악)
"앞으로 어떻게 될 것인가?" (미래 전략)

이 책에서는 복잡한 기술 용어를 걷어내고, 이 비즈니스 목적에 집중하여 맞춤형 AI를 크게 두 가지로 분류하겠습니다.

분석형 AI(Analytical AI)는 과거와 현재의 데이터를 현미경처럼 들여다보고 '현 상태를 진단'합니다.

- 비전 AI(Vision AI): 제품 이미지를 분석해 스크래치나 파손을 찾아냅니다(불량 탐지).
- 이상 탐지 AI(Anomaly Detection): 평소와 다른 금융 거래 패턴을 찾아내거나(FDS), 네트워크 침입을 감지합니다.
- 감정 분석 AI(Sentiment Analysis): 고객의 리뷰 텍스트나 콜센터 음성을 분석해 현재 고객의 불만 수준이 긍정적인지 부정적인지를 분류합니다.

예측형 AI(Predictive AI)는 과거의 패턴을 바탕으로 망원경처럼 '미래를 내다봅니다'.

- 수요 예측 AI(Demand Forecasting): 계절, 날씨, 트렌드 데이

터를 분석해 다음 달 제품 판매량을 예측하고 재고를 최적화합니다.

- 예지 보전 AI(Predictive Maintenance): 설비의 진동이나 온도 데이터를 분석해 기계가 고장 날 시점을 미리 예측하여 가동 중단을 막습니다.
- 리스크 예측 AI(Risk Scoring): 고객의 신용 정보나 행동 패턴을 분석해 대출 연체 가능성이나 서비스 이탈 확률을 계산합니다.

◆ 기술을 사는 것이 아니라, '업무'를 이해시키는 과정

맞춤형 AI는 '모든 것을 아는 AI'가 아니라, '한 가지를 끝내주게 잘하는 AI'입니다. 예를 들어 반도체 웨이퍼의 미세한 크랙을 찾아내는 분석형 AI는, ChatGPT처럼 시를 쓸 수는 없지만 불량 탐지 능력만큼은 타의 추종을 불허합니다.

따라서 이런 AI를 개발하려면 단순히 좋은 모델을 가져다 쓰는 것만으로는 부족합니다. 업무의 특성과 현장 데이터를 정확히 이해하고, 그에 맞는 알고리즘을 설계해야 합니다. 즉, AI 기술에 대한 이해와 업무 도메인에 대한 깊은 경험이 결합될 때 비로소 완성됩니다. 기업마다 자신들의 데이터를 중심으로 AI를 "맞춤 제작"해야 하는 이유가 바로 여기에 있습니다.

'AI의 겨울'을 넘어 산업의 엔진이 되기까지

◆ 긴 겨울을 지나온 데이터의 파수꾼들

AI의 역사를 거슬러 올라가면, 사람들의 관심에서 멀어졌던 'AI의 겨울'이라 불리던 시기가 있었습니다. 하지만 그 차가운 시기에도 연구자와 개발자들은 멈추지 않고 데이터를 분석하며 패턴을 찾는 AI를 만들어 왔습니다.

딥러닝이 등장하기 전까지는 주로 통계 기반의 머신러닝 알고리즘이 그 자리를 지켰습니다. 스무고개 하듯 데이터를 분류하는 결정트리(Decision Tree), 여러 개의 모델을 합쳐 성능을 높이는 랜덤 포레스트(Random Forest)와 부스팅(Boosting), 그리고 데이터를 명확한 기준선으로 나누는 SVM(Support Vector Machine) 같은 기술들이 주류였습니다.

이후 강화학습(Reinforcement Learning)과 딥러닝(Deep Learning)이 등장하면서 AI의 성능은 비약적으로 발전했습니다. 연구자들은 단순히 "잘 맞힌다"는 감(感)에 의존하지 않고, 정확도(Accuracy), 정밀도(Precision), 재현율(Recall), F1 점수(F1 Score) 같은 정량적 지표로 모델을 냉정하게 평가하며 성능을 0.1%씩 끌어올렸습니다. 이러한 집요한 노력 덕분에 이미지 인식, 문서 분류, 추천 시스템 등에서 실질적인 성과가 나오기 시작했습니다.

◆ 알파고의 충격, 그러나 이미 현장에 있었던 AI

2016년, 알파고가 이세돌 9단을 꺾으며 세상에 등장했을 때 대중은 큰 충격을 받았습니다. 사람들은 그제야 "AI가 스스로 학습한다"는 말을 체감하기 시작했습니다. 그러나 사실 산업 현장에서는 그 이전부터 이미 AI가 적용되고 있었습니다.

- 제조업에서는 센서 데이터를 이용해 설비 이상을 감지했고,

- 금융업에서는 거래 데이터를 분석해 이상 거래(사기)를 탐지했으며,

- 유통업에서는 고객 데이터를 바탕으로 구매 가능성을 예측하고 있었습니다.

◆ 두 개의 축: 현미경(분석)과 망원경(예측)

이때 활약한 AI들은 대부분 분석형과 예측형 모델이었습니다. 분석형 AI가 과거 데이터를 바탕으로 '현재의 문제나 이상 유무'를 식별하는 데 집중했다면(예: 불량 탐지), 예측형 AI는 그 데이터를 토대로 '미래를 내다보는 데' 초점을 맞췄습니다.

특히 예측형 AI는 시계열 분석(Time Series Analysis)이나 회귀모델(Regression Model)에서 시작해, 이후에는 LSTM(Long Short-Term Memory)이나 트랜스포머(Transformer) 같은 고도화된 딥러닝 모델로 발전했습니다. 이를 통해 제조업에서는 설비 고장 시점을 예측하고, 금융업에서는 대출 연체 가능성을 계산하며, 물류 분야에서는 수요량을 미리 예측해 재고를 최적화했습니다.

즉, 분석형 AI가 "지금 무슨 일이 일어나고 있는가?"를 알려줬다면, 예측형 AI는 "앞으로 어떤 일이 일어날 것인가?"를 보여주며 기업의 리스크 관리와 의사결정 자동화(AI Decisioning)의 기초가 되었습니다.

　　•• 우리 회사 AI 전환, 어떻게 시작할까?

◆ 0.1%의 승부와 전문가의 손길

생성형 AI가 등장하기 이전, AI 개발을 도와주는 AutoML(Automated Machine Learning)과 같은 자동화 도구도 등장했습니다. 모델 설계나 하이퍼파라미터 튜닝 같은 복잡한 과정을 자동으로 수행해 개발 효율을 높여주었죠.

그러나 자동화가 모든 문제를 해결해 주지는 못했습니다. 데이터의 분포가 미묘하게 다른 현장, 예외가 잦은 업무 환경에서는 여전히 사람의 판단과 경험이 개입될 여지가 남아 있었습니다. 결국 결정적인 승부처는 숙련된 전문가의 손끝에 있었습니다.

비즈니스 현장에서는 99%의 정확도로는 부족할 때가 많습니다. 남들보다 앞서기 위해서는 모델의 설정값(Config)을 현미경처럼 세밀하게 조정하고, 업무 데이터의 특성에 맞게 최적화하는 과정이 필수적이었습니다. 이렇게 축적된 경험이 만들어낸 '0.1%의 정확도 향상'이 곧 기업의 경쟁력이 되었습니다.

이처럼 생성형 AI가 등장하기 전, 산업 현장을 지탱해 온 AI는 대부분 분석과 예측이라는 두 축을 중심으로 발전해 왔으며, 지금도 여전히 가치를 만들어내는 핵심 방식으로 자리 잡고 있습니다.

‘만드는 기술’에서 ‘가져다 쓰는 기술’로

◆ AI 민주화를 이끈 세 가지 동력

불과 십여 년 전만 해도, 고성능 AI 모델을 만드는 것은 구글이나 메타 같은 거대 테크 기업이나 일류 대학 연구소의 전유물이었습니다. 하지만 지금은 상황이 완전히 달라졌습니다. 기술의 장벽이 무너지면서, 이제는 중소기업이나 스타트업도 수준 높은 맞춤형 AI를 구축할 수 있게 되었습니다. 이 변화를 이끈 배경에는 세 가지 핵심 요인이 있습니다.

- 하드웨어의 혁명(GPU): AI 학습 속도를 획기적으로 높여준 GPU의 발전으로, 과거엔 몇 달이 걸리던 연산이 며칠, 몇 시간 단위로 단축되었습니다.
- 오픈소스 생태계의 개방: 깃허브(GitHub)나 허깅페이스(Hugging Face) 등을 통해 전 세계 개발자들이 모델을 공유하면서, 누구나 검증된 AI 모델을 내려받아 쓸 수 있게 되었습니다.
- 클라우드 플랫폼의 확산: AWS, Google Cloud, Azure 등이 등장하며, 비싼 서버를 직접 구축하지 않아도 대규모 데이터를 학습시킬 수 있는 인프라가 마련되었습니다.

◆ 개발 방식의 변화: ‘발명’이 아닌 ‘조립’과 ‘최적화’

특히 오픈소스 생태계의 확산은 개발의 패러다임을 완전히 바꿔놓았습니다. 과거에는 바닥부터 모델을 설계해야 했지만, 이제는 공개된 수천 개의 모델 중 우리 회사에 맞는 것을 ‘선택’하고 ‘수정(Fine-tuning)’하는 것이 개발자의 핵심 역량이 되었습니다.

예를 들어, 제조 현장의 불량품을 찾고 싶다면 이미지 인식에 특화된 공개 모델을 다운로드해 우리 공장의 불량 사진만 추가로 학습시키면 됩니다. 콜센터 상담 분석이 필요하다면 잘 만들어진 자연어 처리 모델을 가져와 우리 회사의 용어만 가르치면 됩니다. 즉, 잘 만들어진 기성품을 가져와 내 몸에 맞게 수선해 입는 시대가 열린 것입니다.

◆ 분야별 대표 선수들: 골라 쓰는 재미가 있다

실제로 현장에서는 각 분야에 특화된 모델들이 '표준'처럼 자리 잡고 있습니다. 개발자들은 해결해야 할 문제에 따라 표와 같은 대표 모델들을 주로 활용합니다.

주요 입력 데이터 유형별 대표 AI 모델과 활용 예시			
입력 데이터	주요 목적	대표 모델	활용 예시
이미지	객체 탐지, 불량 인식	YOLO, ResNet, EfficientNet	공장 생산 라인의 안전 구역 이탈 감지, 제품 표면의 스크래치나 결함 자동 판독
텍스트	문서 요약, 감정 분석	BERT, GPT 계열	고객 리뷰의 긍정/부정 분석, 계약서 핵심 조항 자동 추출 및 요약
음성	음성을 텍스트로 변환(STT)	Whisper, DeepSpeech	콜센터 상담 내용의 텍스트 변환 및 키워드 분석, 회의록 자동 작성
수치	공정 이상 탐지, 예측	XGBoost, Isolation Forest	설비 센서 데이터(온도, 진동) 분석을 통한 고장 예측, 금융 사기 거래 탐지
복합 (멀티모달)	이미지+텍스트 결합 분석	CLIP, LLaVA	설비 사진과 작업 일지를 함께 분석해 고장 원인 추론, 상품 이미지와 설명 자동 매칭

◆ 개발자의 역할: 코딩보다 '안목'이 중요하다

이러한 환경에서 개발자는 단순히 코드를 짜는 사람을 넘어, '비즈니스와 기술을 연결하는 코디네이터'가 되어야 합니다. 예를 들어 YOLO 모델을 공장에 도입한다면, 단순히 모델을 설치하는 것이 끝이 아닙니다. 불량 판정의 기준값(Threshold)을 어디에 둘지, 공장의 조명 밝기에 따라 감도(Sensitivity)를 어떻게 조절할지 결정해야 합니다.

결국 맞춤형 AI 구축의 성패는 알고리즘 자체보다, "우리 문제에 딱 맞는 모델이 무엇인가?"를 찾아내는 안목과, "우리 데이터를 어떻게 가공해서 먹일 것인가?"를 고민하는 데이터 이해도에 달려 있습니다.

0.1%의 승부: '그럴듯함'이 아닌 '정확함'이 돈을 번다

◆ 자연스러움 vs 정확함: 목적이 다르면 방법도 다르다

정확도를 높이는 방식에서 생성형 AI와 맞춤형 AI는 근본적인 차이를 보입니다. 생성형 AI는 범용적인 능력을 추구하기 때문에 '정확도'보다는 '자연스러움'이나 '창의성'을 중시합니다. 이미 학습된 거대 모델을 미세 조정(Fine-tuning)하거나 프롬프트를 잘 써서 성능을 높이지만, 그 개선 폭에는 한계가 있습니다.

반면, 맞춤형 AI는 특정 도메인, 예를 들어 반도체 공정의 품질 판단이나 금융 리스크 평가처럼 좁은 영역에서 '극한의 정확도'를 확보하는 데 집중합니다. 이를 위해 특정 데이터셋에 특화된 모델을 바닥부터 새로 학습시키거나, 알고리즘 구조를 바꾸고, 하이퍼파라미터를 정교하게 튜닝합니다. 적용 대상이 명확하고 좁을수록, 훨씬 세밀하고 통제 가능한 수준에서 정확도를 끌어올릴 수 있기 때문입니다.

◆ 0.1%의 차이가 만드는 수백억 원의 가치

맞춤형 AI의 세계에서 정확도 0.1%의 향상은 단순한 수치 개선이 아니라, 기업의 수익 구조를 바꾸는 결정타가 됩니다.

- **제조업 사례:** 연 매출 조 단위의 제조 기업에서 불량률을 단 1%만 줄여도, 연간 500억 원 규모의 원자재 손실을 막을 수 있다는 통계가 있습니다.
- **금융업 사례:** 신용평가 모델의 정확도가 0.3%만 높아져도, 부실 채권을 사전에 걸러내어 수십억 원의 관리 비용을 절감할 수 있습니다.

이처럼 맞춤형 AI는 도입 비용보다 정확도 향상이 가져오는 경제적 효과(ROI)가 훨씬 큰 경우가 많습니다. 기업들이 끊임없이 데이터를 늘리고 모델을 튜닝하며 0.1%의 정확도라도 더 올리려 애쓰는 이유가 바로 여기에 있습니다.

◆ 숫자 뒤에 숨은 '현장의 맥락'을 읽어야 한다

흥미로운 점은, 이 정교한 정확도가 단순히 기술만으로 달성되지 않는다는 것입니다. 데이터 과학자가 아무리 모델을 잘 만들어도, 현장의 '맥락'을 모르면 정확도를 한계 이상으로 끌어올릴 수 없습니다.

예를 들어 물류 예측 AI를 만든다면 데이터 과학자는 숫자에 집중하지만, 현장 담당자는 "트럭이 들어오는 시간이 날씨에 따라 어떻게 달라지는지", "특정 계절에는 습도 때문에 작업 속도가 얼마나 느려지는지"를 경험적으로 알고 있습니다. AI는 숫자를 학습할 뿐 그 숫자에 담긴 의미는 모릅니다. 따라서 맞춤형 AI의 성공은 데이터 과학자의 기술과 현장 업무 전문가의 경험이 결합될 때 비로소 완성됩니다.

◆ AI도 틀리지만, 사람보다는 덜 틀립니다

마지막으로 경영자가 반드시 넘어야 할 산은 현업의 저항입니다. 많은 실무자들이 AI가 단 한 번이라도 틀린 답을 내놓으면 이렇게 말합니다. "거봐요, 이거 틀리잖아요. 100%가 아닌데 불안해서 어떻게 업무에 씁니까?"

이때 경영자는 명확한 기준을 제시해야 합니다. "그렇다면, 지금 그 일을 하는 사람은 100% 완벽합니까?"

우리는 AI에게만 유독 가혹한 잣대를 들이댑니다. 베테랑 직원도 피곤하면 실수하고, 컨디션에 따라 판단이 흐려집니다. AI 도입의 목표는 '신(God)'을 채용하는 것이 아니라, '평균적인 사람보다 실수할 확률이 적은, 지치지 않는 시스템'을 만드는 것입니다.

설령 AI의 정확도가 사람과 비슷한 95%라고 해도, AI의 압도적인 속도는 그 자체로 품질을 높입니다. 사람이 하루 종일 걸려 95%를 찾아낸다면, AI는 단 1분 만에 95%를 찾아냅니다. 이렇게 되면 사람은 확보된 시간 동안 AI가 놓친 나머지 5%의 애매한 부분만 집중적으로 검토할 수 있게 됩니다.

결국 "AI가 1차로 빠르게 거르고, 사람이 최종 확인(Human-in-the-loop)하는" 협업 프로세스가 구축되면, 조직 전체의 정확도는 인간 혼자 일할 때보다 비약적으로 상승하게 됩니다. 완벽하지 않은 AI라도, 사람의 시간과 결합될 때 가장 완벽한 성과를 냅니다.

맞춤형 AI의 한계

◆ "불량은 잘 찾는데, 날씨는 모릅니다"

맞춤형 AI는 특정 분야의 '천재'지만, 동시에 '외골수'이기도 합니다. 반도체 불량을 99.9% 잡아내는 AI에게 "오늘 날씨 어때?"라고 묻거나 "경쟁사 동향을 요약해줘"라고 시키면 아무 대답도 하지 못합니다. 적용 범위가 '학습된 데이터' 안으로 엄격하게 제한되기 때문입니다. 데이터 형식이 조금만 달라져도 모델을 새로 학습시켜야 하고, 업무 절차가 바뀌면 코드 자체를 뜯어고쳐야 하는 경우도 발생합니다. 그래서 맞춤형 AI는 한 번 만들고 끝나는 프로젝트가 아니라, 유지관리와 개선이 반복되는 '장기 투자'의 성격을 가집니다.

◆ 데이터 드리프트(Data Drift): 세상이 변하면 AI도 낡는다

더 큰 문제는 '유통기한'입니다. AI 모델은 개발 시점의 데이터를 기준으로 세상을 이해합니다. 하지만 시장은 살아서 움직입니다.

소비자의 취향이 바뀌고, 경기 상황이 변하고, 계절이 바뀝니다. 이를 '데이터 드리프트(Data Drift)'라고 부릅니다.

예를 들어, 작년 데이터로 완벽하게 학습된 '패션 수요 예측 AI'는 올해 갑자기 유행하기 시작한 '새로운 레트로 룩'이나 'SNS 바이럴 아이템'을 전혀 예측하지 못할 수 있습니다. 과거의 정답이 오늘의 오답이 되는 순간입니다. 따라서 맞춤형 AI는 지속적인 성능 관리 체계(AI Ops)를 갖춰야 합니다. 이 체계가 없으면 비싸게 만든 AI가 6개월 만에 '무용지물'이 될 수도 있습니다.

◆ '투 트랙(Two-Track)' 전략이 답이다

그럼에도 불구하고, 기업의 심장부인 핵심 프로세스(Critical Path)—품질 관리, 안전, 금융 리스크, 수요 예측에는 여전히 맞춤형 AI가 가장 강력한 도구입니다. 일반적인 생성형 AI로는 0.1%의 수율을 잡거나 신용 평가의 미세한 리스크를 계산하기 어렵기 때문입니다.

최근에는 이 둘을 결합하는 똑똑한 시도들이 늘고 있습니다. 생성형 AI가 데이터 전처리 단계에서 복잡한 스키마를 요약해주거나, 모델링 단계에서 파이썬 코드나 SQL 쿼리를 자동으로 작성해 개발자의 속도를 높여주는 식입니다. 즉, 생성형 AI가 맞춤형 AI를 대체하는 것이 아니라, 구축 과정을 돕는 든든한 '보조 도구'로 자리 잡고 있습니다.

요약하자면, 생성형 AI가 '범용적인 지능'을 제공한다면, 맞춤형 AI는 '업무 특화형 정밀 지능'입니다. AI의 본질이 '정확한 판단'이라면, 그 뿌리는 여전히 이 맞춤형 AI에 있습니다.

　　• • 우리 회사 AI 전환, 어떻게 시작할까?

맞춤형 AI의 적용 분야

"무엇을 할까"에서 "어디서 일할까"로
AI의 역할 정의

◆ 기술 중심의 질문을 버려라

맞춤형 AI를 기업 안에 제대로 뿌리내리게 만드는 일은, 결국 "AI가 우리 회사의 어디에서 일하게 할 것인가"를 정하는 문제입니다. AI는 만능이 아닙니다. 어디에 투입되느냐, 어떤 데이터를 다루느냐에 따라 비용을 줄이는 도구가 되기도 하고, 매출을 늘리는 무기가 되기도 하며, 때로는 경영진의 판단을 돕는 참모가 되기도 합니다.

그래서 이제는 막연히 "AI로 무엇을 할 수 있을까?"를 묻는 기술 중심의 질문에서 벗어나야 합니다. 대신 이렇게 물어야 합니다.

"AI가 우리 회사 안에서 어떤 역할을 맡아야 하는가?"

◆ 세 가지 축과 일곱 가지 역할

맞춤형 AI를 조직 안의 역할 관점에서 본다면 크게 세 가지 축으로 나눌 수 있습니다.

- 내부(Inside): 효율을 높이고, 리스크를 줄이는 역할
- 외부(Outside): 시장과 고객의 흐름을 읽고, 새로운 가치를 만들어 내는 역할
- 의사결정(Management): 이 모든 정보를 모아, 경영의 방향을 정하는 역할

이 세 축이 기업의 실제 운영과 맞물릴 때, AI는 단순한 자동화 도구가 아니라 '데이터 기반의 조직 시스템'으로 자리 잡습니다. 사람과 프로세스 사이에 스며드는 '새로운 의사결정 인프라'가 되는 것입니다. 이 책에서는 이러한 관점을 기반으로, 맞춤형 AI의 활용 분야를 총 7가지로 구분했습니다.

맞춤형 AI의 7가지 적용 분야		
구분	분야	핵심 질문
내부(Inside)	① 운영 효율화	"더 빠르고 싸게 할 수 있을까?"
	② 품질·리스크 관리	"문제를 미리 잡을 수 있을까?"
	③ 지식·업무 지원	"사람의 일을 더 스마트하게 바꿀 수 있을까?"
외부(Outside)	④ 시장 인텔리전스	"세상은 지금 어디로 가는가?"
	⑤ 고객·상품 전략	"고객의 데이터로 다음 상품을 만들 수 있을까?"
	⑥ 맞춤형 고객 경험	"고객 한 사람에게 무엇을 어떻게 제시할까?"
의사결정 (Management)	⑦ 의사결정 지원	"데이터로 더 나은 판단을 내릴 수 있을까?"

 •• 우리 회사 AI 전환, 어떻게 시작할까?

이렇게 일곱 개 분야로 나누어 보면, AI는 더 이상 거대한 기술 덩어리가 아니라 '회사 안에서 일하는 동료'로 보입니다. 어떤 AI는 생산 현장에, 어떤 AI는 고객 접점에, 또 어떤 AI는 임원 회의실 안에 있습니다.

중요한 건 기술이 아니라 '맥락(Context)'입니다. 같은 AI라도 우리 회사의 데이터와 문제를 중심으로 설계될 때 전혀 다른 가치를 만들어냅니다. AI를 똑똑하게 만드는 게 아니라, 우리가 AI에게 '우리 회사를 이해시키는' 과정, 그것이 바로 맞춤형 AI의 출발점입니다.

1. 보이지 않는 낭비를 찾는 효율적인 운영

"AI로 당장 돈을 벌 수 있는 곳은 어디입니까?"

많은 경영자들이 AI 도입을 고민할 때 가장 먼저 던지는 질문입니다. 그리고 그 질문에 대한 가장 확실하고 빠른 대답이 바로 '운영 효율화(Operational Efficiency)'입니다. 거창한 혁신이나 신사업이 아니라, 지금 우리 회사가 하고 있는 일에서 '새는 돈'을 막고 '숨은 시간'을 찾아내는 일이기 때문입니다.

◆ 인간의 감(感)이 놓친 '보이지 않는 낭비'를 찾다

운영 효율화 AI의 핵심 임무는 '낭비의 시각화'입니다. 생산 공정의 미세한 대기 시간, 물류 트럭의 불필요한 공회전, 창고에 쌓여만 가는 악성 재고 같은 것들은 베테랑 관리자의 눈에도 잘 보이지 않습니다. 하지만 AI는 이 모든 흐름을 데이터로 분석해 사람이 놓친 비효율을 찾아냅니다.

- **제조 현장 사례:** 한 제조 기업의 생산 라인에서는 특정 시간대마다 미세하게 공정 속도가 느려지는 현상이 있었습니다. 사람은 "기분 탓인가?" 하고 넘겼지만, AI는 데이터를 분석해 "A라인의 프레스 장비가 과열될 때마다 0.5초씩 지연되어 전체 라인의 병목을 만들고 있습니다"라고 정확히 지적했습니다. 덕분에 회사는 해당 설비의 냉각 스케줄을 조정하는 것만으로 전체 생산량을 5% 늘릴 수 있었습니다.

- **물류 현장 사례:** 유통업에서는 배송 트럭의 최적 경로를 찾는 데 AI가 쓰입니다. 단순히 거리만 계산하는 내비게이션과 달리, AI는 "내일 비가 오면 이 도로가 30분 더 막힐 테니 우회하라"거나, "기사님의 휴식 시간을 고려하면 이 경로가 더 효율적이다"라는 판단까지 내립니다. 이를 통해 연료비와 배송 시간을 동시에 줄입니다.

이 외에도 다양한 산업 현장에서 AI는 기존의 문제를 해결하며 효율을 높이고 있습니다.

산업별 운영 효율화 AI 활용 포인트			
산업	주요 활용 사례	기존 문제점	AI 적용 방향
제조업	설비 예지보전	설비 고장으로 인한 생산 중단 및 수리비 증가	센서 데이터를 분석해 이상 징후를 조기 탐지하고 예방 정비를 수행
	생산라인 병목 탐지	공정 간 대기시간 증가로 인한 생산 효율 저하	공정별 데이터를 실시간으로 분석해 병목 구간을 자동 식별하고 스케줄 최적화
	에너지 사용 최적화	불필요한 전력 소모 및 에너지 낭비	설비별 에너지 소비 패턴을 분석해 가장 효율적인 운영 스케줄 제시

	실시간 배송경로 최적화	비효율적인 운송 경로와 배송 지연 발생	물류 데이터와 외부 요인(날씨, 교통)을 종합 분석해 최적 경로 실시간 재조정
물류·유통			
	재고 예측	과잉 재고 혹은 재고 부족(품절)으로 인한 손실	판매 이력과 계절 요인을 분석해 정확한 수요 예측 모델 구축
건설·플랜트	자재 흐름 및 재고 최적화	과잉 재고 또는 자재 부족으로 인한 공정 중단	자재 반입 일정과 공정 진척 데이터를 기반으로 적정 재고 수준 예측
	현장 보고 자동화	현장 일지·점검 기록 수작업 정리로 인한 관리 부담	비정형 문서 자동 분류·요약을 통한 보고 자료 생성 지원
서비스업	인력 배치 자동화	수요 예측 실패로 인한 인력 과부족 발생	예약 및 이용 데이터를 학습해 시간대별 최적 인력 스케줄 자동 조정

◆ 도입 시 반드시 고려해야 할 4가지 체크포인트

운영 효율화 AI는 설비 하나를 더 들이지 않고도 생산성을 높일 수 있어 투자 회수(ROI)가 빠르다는 강력한 장점이 있습니다. 하지만 실제 적용 과정에서는 몇 가지 현실적인 제약 사항을 반드시 고려해야 합니다.

① **데이터 품질(Data Quality):** 가장 흔한 실패 원인입니다. 센서 데이터가 누락되거나 시스템마다 형식이 다르면 AI는 엉뚱한 답을 내놓습니다. "쓰레기를 넣으면 쓰레기가 나온다(Garbage In, Garbage Out)"는 격언이 가장 뼈아프게 적용되는 분야이므로, 데이터 정비에 충분한 시간과 인력을 투자해야 합니다.

② **시스템 통합의 복잡성:** ERP, MES, 물류 시스템 등 기존의 레거시 시스템과 AI를 연동하는 과정에서 데이터 전송 지연이나 포맷 불일

치가 발생하기 쉽습니다. 초기에는 모든 시스템을 한 번에 연결하려 하기보다, 핵심 프로세스에 집중해 단계적으로 확장하는 것이 안전 합니다.

③ **인프라 투자와 조직의 저항:** 센서 설치나 클라우드 전환 같은 초기 인프라 비용이 발생하며, 현장 직원들은 "AI가 나를 감시한다"고 느 끼거나 새로운 방식에 거부감을 가질 수 있습니다. 따라서 AI가 직 원의 일자리를 뺏는 것이 아니라, 반복 업무를 줄여주는 도구임을 교육하고 설득하는 과정이 필수적입니다.

④ **최종 판단은 사람의 몫:** AI는 과거 데이터를 기반으로 예측하기 때 문에, 돌발 변수에는 약할 수 있습니다. 따라서 AI의 판단을 맹신하 여 100% 자동화하기보다는, "AI가 이상 징후를 알리면(Alert), 사 람이 최종적으로 판단하고 조치하는" 협업 구조를 갖춰야 합니다.

결국 운영 효율화 AI는 기업의 '기초 체력'을 키우는 일입니다. 화려하진 않지만, 이러한 현실적 제약들을 하나씩 해결해 나갈 때 기업은 불황을 견디고 더 높이 도약할 수 있는 튼튼한 하체를 갖게 됩니다.

| 2. 사고가 터지기 전에 막는 품질·리스크 관리

◆ 문제를 해결하는 것이 아니라, 피하게 만든다

앞에서 살펴본 '운영 효율화'가 더 빨리, 더 싸게 만드는 것에 집중한다면, '품질·리스크 관리(Quality & Risk Management)'는 기업의 '안정성'을 지키는 방패 역할을 합니다. 제품 불량, 공정 이상, 금융 사기, 안전사고 등 기업 활동을 위협하는 요소들을 사전에 감지하고 예방하는 것이 핵심입니다.

AI는 데이터를 통해 '정상적인 상태'를 학습합니다. 그리고 그 기준에서 벗어나는 미세한 변화를 감지해냅니다. 사람이 보기엔 별문제 없어 보이는 수치의 작은 흔들림이, AI에게는 품질 저하의 강력한 전조 증상일 수 있기 때문입니다.

◆ 데이터로 위험을 미리 보는 조기 경보 시스템

각 산업 현장에서 AI가 어떻게 '보이지 않는 위험'을 찾아내는지 구체적인 사례와 적용 가능성을 살펴보겠습니다.

- 제조업(품질 예측 및 예지보전) :

LG전자는 AI, 빅데이터, 디지털 트윈 기술을 결합한 '지능형 공정 시스템'을 통해 공장 가동 상황을 가상 세계(Virtual Factory)에서 실시간으로 모니터링합니다. 이 시스템은 30초 단위로 데이터를 수집·분석해 10분 뒤의 생산라인을 예측하며, 데이터 딥러닝을 통해 제품의 불량 가능성이나 설비 고장을 사전에 감지하여 알려줍니다. 특히 3D 비전 인식 기술을 갖춘 로봇과 고주파 딥러닝 용접 로봇을 투입하여 사람이 수행하기 까다로운 조립 및 용접 공정에서 균일한 품질을 확보하고 불량률을 개선했습니다.

지상의 5G 물류로봇(AGV)과 고공 컨베이어를 유기적으로 연결한 입체물류시스템을 구축하여 자재 공급의 지연을 없앴습니다. 지능형 무인창고는 재고 상황을 스스로 파악해 부족한 자재를 실시간으로 요청하며, AI 로봇이 위험도가 높은 작업을 전담함으로써 설비의 오작동과 안전사고를 미연에 방지합니다. 이러한 기술 도입을 통해 생산성은 20% 향상되었고, 설비 및 라인 구축 기간은 30% 단축되었으며, 하나의 라인에서 58종의 모델을 동시에 생산할 수 있는 유연한 제조 환경을 실현했습니다.

- **금융업**(사기 탐지) :

글로벌 결제 기업 Mastercard는 'Decision Intelligence'라는 AI 솔루션을 통해 전 세계에서 발생하는 결제 데이터를 실시간으로 분석합니다. 단순히 규칙(Rule)에 기반하여 의심 거래를 막는 것을 넘어, AI가 개별 카드의 사용 패턴, 위치, 구매 이력 등을 종합적으로 학습하여 승인 여부를 0.05초 만에 판단합니다. 이를 통해 정상적인 거래가 거절되는 불편(오탐)은 줄이고, 정교한 신종 사기 수법은 더 정확하게 차단할 수 있게 되었습니다.

- **유통업**(평판 리스크 관리) :

유통 기업의 경우, AI를 활용해 브랜드 평판을 관리하는 시나리오를 고려해 볼 수 있습니다. 수만 건의 고객 리뷰와 SNS 데이터를 AI가 실시간으로 모니터링하면서 '변질', '이물질', '파손'과 같은 부정 키워드가 특정 제품군에서 급증하는 패턴을 감지하는 것입니다. 사람이 일일이 읽지 않아도 AI가 "A제품에 대한 불만 패턴이 평소와 다릅니다"라고 경고를 보내준다면, 기업은 대규모 리콜 사태가 벌어지기 전에 초기 대응을 하여 브랜드 신뢰를 지킬 수 있을 것입니다.

<table>
<tr><td colspan="4" align="center">산업별 품질·리스크 관리 AI 활용 포인트</td></tr>
<tr><th>산업</th><th>주요 활용 사례</th><th>기존 문제점</th><th>AI 적용 방향</th></tr>
<tr><td rowspan="2">제조업</td><td>공정 품질 예측</td><td>불량 발생 후 원인 파악이 늦음</td><td>실시간 데이터로 품질 저하 징후를 조기 탐지하여 불량률 감소</td></tr>
<tr><td>비파괴 검사 자동화</td><td>숙련자 의존도가 높고 김사 속도 느림</td><td>영상 분석 AI를 통해 검사 속도와 정확도를 동시에 향상</td></tr>
<tr><td rowspan="2">금융</td><td>부정 거래 탐지(FDS)</td><td>사후 적발 위주로 피해 발생</td><td>거래 패턴 분석으로 실시간 차단 및 경보 발송</td></tr>
<tr><td>보험 사기 탐지</td><td>수작업 검토로 탐지 누락 빈번</td><td>청구 데이터 패턴을 학습해 조직적 사기나 이상 청구 자동 탐지</td></tr>
<tr><td rowspan="2">유통</td><td>품질 피드백 분석</td><td>고객 불만 데이터의 수작업 분류 한계</td><td>NLP(자연어 처리)로 불만 원인을 자동 분류하고 개선점 도출</td></tr>
<tr><td>위조상품 탐지</td><td>가품 유통으로 인한 브랜드 신뢰 하락</td><td>이미지 인식 AI로 온라인상의 위조 상품 자동 식별</td></tr>
<tr><td rowspan="2">공공</td><td>안전사고 예측</td><td>사고 발생 후 사후약 방문식 대응</td><td>CCTV·센서 데이터를 이용해 위험 상황(군집, 화재 등) 조기 경보</td></tr>
<tr><td>인프라 이상 탐지</td><td>도로·교량 노후화 육안 점검 한계</td><td>드론/영상 분석 AI로 구조물의 미세 균열이나 침하 조기 탐지</td></tr>
</table>

◆ 도입 시 반드시 고려해야 할 4가지 체크포인트

품질·리스크 관리 AI는 기업의 '보이지 않는 비용'을 줄여주는 강력한 도구지만, 도입 시에는 기술적 정확도보다 '신뢰성'에 더 신경 써야 합니다.

① **설명 가능성(Explainability)**: AI가 "이 설비가 위험하다"고 경고했을 때, 관리자가 그 이유를 납득할 수 있어야 합니다. "왜 그렇게 판단했는가?"에 대한 근거(예: 진동 수치가 평소보다 15% 높음)를 투명하게 제시하지 못하면 현장은 AI를 '오작동'으로 취급하고 무시하게 됩니다.

② 오탐지(False Positive) 조절: 경보가 너무 자주 울리면 '양치기 소년'이 됩니다. 실제 위험만을 걸러내도록 모델의 민감도를 정교하게 튜닝해야 현장의 피로도를 줄이고 시스템 신뢰도를 유지할 수 있습니다.

③ 법적 책임과 최종 판단: 금융이나 공공 영역에서는 AI의 판단이 법적 효력을 갖지 못하는 경우가 많습니다. 따라서 "AI는 경보를 울리고, 최종 승인이나 판단은 사람이 한다"는 원칙을 세우고, 책임 소재를 명확히 하는 내부 규정이 반드시 필요합니다.

④ 데이터 품질과 보안: 리스크 관리용 데이터에는 개인정보나 기업의 민감 정보가 포함된 경우가 많습니다. 따라서 데이터에 대한 접근 통제와 보안 관리 체계가 선행되어야 하며, 데이터 자체의 정확성을 유지하는 것이 무엇보다 중요합니다.

결국 품질·리스크 관리 AI의 가치는 문제를 해결하는 데 있지 않습니다. 문제를 '피하게' 만드는 데 있습니다. AI가 울리는 경고음을 듣고, 사람이 미리 움직일 때 기업은 위기로부터 안전해집니다.

3. 사람의 일을 더 스마트하게 바꾸는 지식·업무 지원

◆ AI는 사람을 대체하는 것이 아니라, 사람의 '두 번째 두뇌'가 된다

운영 효율화가 프로세스를 자동화하고, 품질·리스크 관리가 문제를 예방하는 데 초점을 둔다면, '지식·업무 지원' AI는 직원의 사고력과 판단력을 확장하는 것을 목표로 합니다. 즉, 사람의 일을 '대신'하는 것이 아니라 '돕는' AI입니다.

이 영역에서 맞춤형 AI는 단순한 정보 검색을 넘어, 업무 수행 방식 전반을 바꿀 수 있습니다. 자료를 찾고 정리하는 '정보 노동'을 줄여줌으로써, 직원이 더 창의적이고 전략적인 고민에 시간을 쓸 수 있도록 지원합니다.

◆ 전문성을 확장하는 AI 파트너

기업이 이 분야에 AI를 도입한다면, 다음과 같은 시나리오를 통해 업무 방식의 혁신을 기대해 볼 수 있습니다.

- **연구개발(R&D) 분야의 지식 탐색:** 글로벌 제조 기업이라면 사내에 축적된 수만 건의 실험 기록과 논문을 학습한 'R&D 지식 어시스턴트'를 구축할 수 있습니다. 연구원이 새로운 프로젝트를 시작할 때, AI가 "유사한 실험이 3년 전에 있었으며, 당시 실패 원인은 온도 설정이었습니다"라고 알려준다면, 불필요한 중복 실험을 줄이고 신제품 개발 주기를 단축하는 효과를 거둘 수 있을 것입니다.

- **컨설팅 및 기획 업무:** 컨설팅 회사나 기획 부서에서는 제안서 작성에 AI를 활용할 수 있습니다. 과거의 성공적인 제안서 데이터를 학습한 AI가 프로젝트 개요만 입력하면 유사한 사례를 찾아 목차를 구성하고 초안을 제안해 준다면, 담당자는 내용의 디테일과 전략을 다듬는 데 집중할 수 있어 전체 준비 시간을 획기적으로 줄일 수 있습니다.

- **의료 및 전문 서비스:** 병원에서는 AI가 환자의 임상 기록과 최신 의학 논문을 실시간으로 분석해 의료진에게 진단 참고 자료를 제공하는 시스템을 고려해 볼 수 있습니다. 특히 희귀 질환처럼 인간의 기억력만으로는 한계가 있는 영역에서 AI가 유사 사례를 제시해 준다면, 진단의 정확도를 높이는 든든한 조력자가 될 수 있습니다.

지식·업무 지원 AI의 주요 적용 가능 영역			
산업	주요 활용 시나리오	기존 문제점	AI 적용 시 기대 효과
제조업	연구개발 문서 분석	연구 자료가 방대해 중복 연구 발생	실험·보고서 데이터를 통합 분석해 중복 시행착오 방지
	품질 개선 제안 생성	개선 아이디어가 개인 경험에 의존	과거 개선 이력과 공정 데이터를 기반으로 최적의 개선안 제안
서비스업	근무 일정 최적화	인력 배치 계획 수립에 시간 소요	수요 예측 데이터를 활용해 효율적인 근무 일정 자동 생성
금융	내부 감사 보고 자동화	대규모 데이터 검토에 시간 과다 소요	로그 데이터 분석으로 이상 징후를 요약해 감사인에게 제공
의료	임상 지식 검색 지원	의료 데이터 해석 및 자료 조사 부담	논문·임상 데이터를 분석해 진단에 필요한 핵심 정보 제공
공공	행정 문서 자동 분류	문서량 과다로 인한 업무 처리 지연	AI가 문서를 자동 분류·요약해 행정 처리 속도 향상
교육	학습 자료 자동 생성	교사별 자료 품질 편차 발생	교과 데이터를 분석해 학생 수준별 맞춤형 학습 콘텐츠 추천
법률	계약서 리스크 검토	조항 누락이나 오류 탐지의 어려움	계약 문서를 분석해 위험 소지가 있는 조항을 자동 하이라이트

◆ 도입 시 고려해야 할 4가지 핵심 사항

지식·업무 지원 AI는 조직의 '인지 효율성'을 극대화할 수 있는 잠재력이 있지만, 성공적인 도입을 위해서는 몇 가지 전제 조건이 필요합니다.

① **데이터의 최신성 확보**: AI가 참고할 사내 문서나 규정이 오래된 버전이라면, AI는 철 지난 정보를 정답처럼 내놓을 것입니다. 따라서 내부 지식 저장소의 데이터를 주기적으로 업데이트하고 검증하는 체계가 선행되어야 합니다.

② **보안과 접근 권한 관리:** 모든 직원이 회사의 모든 기밀 문서를 볼 수는 없습니다. AI에게 질문했을 때, 직원의 직급이나 권한에 따라 열람 가능한 정보만 선별해서 답변하도록 보안 등급을 설정해야 합니다.

③ **'검증'의 생활화:** AI의 답변은 어디까지나 '초안'이나 '제안'일 뿐입니다. 이를 맹신하여 검증 없이 업무에 적용할 경우, 잘못된 정보가 조직 전체로 확산될 위험이 있습니다. "AI가 정보를 제공하고, 최종 판단과 책임은 사람이 진다"는 원칙을 명확히 해야 합니다.

④ **지식의 맥락(Context) 유지:** AI가 단편적인 사실만 나열하면 업무에 바로 적용하기 어렵습니다. AI가 정보의 배경과 맥락을 함께 전달할 수 있도록 설계하거나, AI의 요약 결과를 사람이 해석하고 보완하는 하이브리드 협업 모델을 구축해야 합니다.

결국 지식·업무 지원 AI의 핵심은 '협업'입니다. AI가 방대한 정보를 정리해 주면, 사람은 그 위에서 맥락을 읽고 의미를 만들어냅니다. 이 둘이 만날 때 비로소 조직의 지식 경쟁력이 살아날 수 있습니다.

4. 남보다 빠르게 시장을 읽는 시장 인텔리전스

◆ 보고서를 만드는 AI가 아니라, 전략을 준비시키는 AI

앞서 살펴본 AI들이 우리 회사 '내부의 데이터'를 다뤘다면, '시장 인텔리전스(Market Intelligence)' AI는 '외부의 데이터'를 읽는 눈입니다. 뉴스, 소셜미디어(SNS), 특허, 경쟁사 공시 자료 등 방대한 외부 데이터를 실시간으로 분석해 시장의 변화 신호를 조기에 감지하고, 경영진이 선제적인 의사결정을 내릴 수 있도록 돕습니다.

이는 "무엇을 만들 것인가"라는 질문 이전에, "지금 세상이 어디로 가고 있는가"를 먼저 읽게 해주는 시스템입니다. 기존에는 마케터가 월간/분기별로 시장 보고서를 만들었지만, AI는 이를 '실시간 대시보드'로 전환하여 남들보다 반박자 빠른 대응을 가능하게 합니다.

◆ 트렌드가 되기 전, '징후'를 포착한 기업들

실제로 글로벌 선도 기업들은 AI를 통해 '감(感)'이 아닌 '데이터'로 시장을 읽고 있습니다.

- **뷰티 산업(L'Oréal의 TrendSpotter)**: 글로벌 뷰티 기업 로레알은 AI 엔진을 활용해 3,500개 이상의 온라인 소스에서 '떠오르는 키워드'를 감지합니다. 이를 통해 경쟁사보다 6~18개월 먼저 트렌드를 포착하여 적시에 신제품을 출시하고 시장을 선점할 수 있었습니다.

- **식음료 산업(PepsiCo의 신제품 개발)**: 펩시코는 AI를 통해 온라인상의 수백만 건의 대화를 분석하여 소비자들이 '치토스 가루가 묻은 팝콘'을 원한다는 사실을 포착했습니다. 이를 바탕으로 제품 개발 기간을 대폭 단축하여 '치토스 팝콘'을 출시했고, 시장에서 큰 성공을 거두었습니다.

- **금융 및 투자(BlackRock의 Aladdin)**: 세계 최대 자산운용사 블랙록은 투자·위험 관리 플랫폼인 '알라딘(Aladdin)'을 통해 시장 가격, 거시경제 지표, 포트폴리오 데이터를 통합적으로 분석합니다. 이 시스템은 다양한 시나리오 분석과 위험 평가를 제공함으로써 펀드 매니저가 포트폴리오를 점검하고 조정하는 의사결정을 지원합니다.

시장 인텔리전스 AI의 주요 적용 가능 영역			
산업	주요 활용 시나리오	기존 문제점	AI 적용 시 기대 효과
제조업	경쟁사 기술 동향 분석	산업 동향 파악 지연	특허·논문 데이터를 실시간 분석해 기술 트렌드 파악
소비재	소비자 트렌드 예측	시장 조사 주기 길고 반응 느림	리뷰·SNS 데이터를 분석해 트렌드 조기 감지
금융	시장 리스크 모니터링	뉴스·리포트 수동 분석 한계	AI가 실시간으로 리스크 신호를 탐지하고 요약
유통	상품 수요 변화 예측	외부 요인 반영 어려움	날씨·이벤트·소셜 데이터를 결합한 예측 모델 구축
의료	신약 개발 트렌드 분석	글로벌 연구 흐름 파악 지연	임상·논문 데이터를 분석해 연구 방향 제안
공공	산업 동향 모니터링	정책 수립 정보 단절	산업·공시·뉴스 통합 분석으로 시장 변동성 추적
IT	기술 표준화 예측	경쟁 기술 비교 어려움	오픈소스·특허 데이터를 분석해 기술 경쟁력 비교
교육	직무·기술 수요 분석	커리큘럼이 산업 변화에 뒤처짐	채용·산업 데이터를 분석해 교육 방향 설계
관광	여행 트렌드 감지	수요 예측 감에 의존	검색·SNS 데이터를 분석해 지역별 여행 수요 예측
에너지	시장 가격 변동 예측	국제 요인 반영 한계	글로벌 뉴스·거래 데이터 분석으로 가격 변동성 예측

◆ 도입 시 반드시 고려해야 할 6가지 체크포인트

시장 인텔리전스 AI는 기업의 시야를 넓혀주지만, 외부 데이터를 다루는 만큼 신중한 접근과 해석 능력이 요구됩니다.

- **데이터의 신뢰성 검증**: SNS나 온라인 커뮤니티 데이터에는 '노이즈 (Noise)'가 많습니다. 단순한 언급량 증가를 '트렌드'로 오인하지 않도록, 광고성 게시글이나 허위 정보를 걸러내는 필터링 체계가 필요합니다.

- **맥락(Context)의 해석**: AI는 "이 키워드가 떴다"는 것은 알려주지만, "왜 떴는가?"는 모를 수 있습니다. 사회 · 문화적 요인이나 정치적 이슈 등 데이터 이면의 맥락을 인간 전문가가 해석하고 연결하는 과정이 필수입니다.

- **지나친 자동화의 위험**: 시장 데이터는 빠르게 변하지만, 모든 신호가 의미 있는 것은 아닙니다. AI가 제시한 패턴에 즉각 반응하기보다, 그 신호의 '지속성'과 '구조적 변화 가능성'을 사람이 검증하는 절차를 둬야 합니다.

- **데이터 독점 및 불균형**: 대기업과 달리 중소기업은 양질의 외부 데이터 접근이 어려울 수 있습니다. 공공 데이터나 산업 협력 플랫폼을 활용해 데이터 접근성을 보완하는 전략이 필요합니다.

- **법적 · 윤리적 리스크**: 경쟁사의 정보를 무단으로 수집하거나, 개인 정보가 포함된 데이터를 활용할 경우 법적 분쟁에 휘말릴 수 있습니다. 데이터 출처의 투명성과 합법적 활용 기준을 사전에 명확히 해야 합니다.

- **인간 판단의 역할 재정의**: AI가 제시한 인사이트는 '방향을 비추는 손전등'일 뿐입니다. 데이터를 맹신하기보다, 그 신호가 우리 비즈니스에 갖는 의미를 해석하고 실행 여부를 결정하는 것은 결국 사람의 몫입니다.

결국 시장 인텔리전스 AI는 미래를 맞히는 수정구슬이 아닙니다. 남들보다 먼저 징후를 포착하여, 우리가 갈 길을 미리 준비하게 만드는 도구입니다.

5. 고객의 데이터를 다음 상품으로 연결하는 고객·상품 전략

◆ AI는 고객의 마음을 읽는 번역기다

고객·상품 전략(Customer & Product Strategy)은 맞춤형 AI가 기업의 '감(感)'을 '데이터'로 바꾸는 영역입니다. 과거에는 고객이 무엇을 원하는지 알기 위해 설문조사를 하거나 판매 실적을 뒤져봐야 했습니다. 하지만 그 데이터는 '과거의 기록'일 뿐, '미래의 욕망'을 보여주지는 못했습니다.

맞춤형 AI는 구매 이력, 검색 로그, 상담 기록, 심지어 소셜 미디어에서의 사소한 언급까지 통합 분석하여 '고객의 의도(Intent)'를 예측합니다. "이 고객은 할인 쿠폰보다 신제품 체험 기회에 반응할 가능성이 높다"거나 "이 연령층은 기능성보다 친환경 패키지에 지갑을 연다"라는 통찰을 제공합니다. 이것은 단순한 분석이 아니라, 고객의 마음을 읽어 다음 상품과 전략을 설계하는 '번역기' 역할을 합니다.

◆ 고객보다 먼저 고객을 아는 기업들

글로벌 선도 기업들은 이미 AI를 통해 고객의 행동을 예측하고, 이를 상품 기획과 마케팅의 핵심 무기로 삼고 있습니다.

- **미디어 · 콘텐츠(Netflix의 취향 예측):** 넷플릭스는 전 세계 수억 명에 이르는 가입자의 시청 이력과 반응 데이터를 분석해 개인화된 추천 시스템을 운영하고 있습니다. 이 추천 알고리즘은 이용자가 어떤 콘텐츠를 발견하고 선택하는 데 큰 영향을 미치며, 넷플릭스는 이러한 시청 패턴 분석 결과를 오리지널 콘텐츠 투자와 편성 전략을 고민하는 참고

자료로 활용하고 있습니다.

- **식음료(Coca-Cola의 신제품 개발):** 코카콜라는 2023년 한정판 제품인 '코카콜라 Y3000 제로 슈거'를 출시하며, 인간과 인공지능의 협업을 제품 개발과 브랜드 경험에 적용했습니다. 이 제품은 전 세계 소비자들이 '미래'를 어떻게 상상하는지에 대한 감정, 이미지, 색상, 맛 관련 인식을 AI로 분석하고, 그 결과를 인간 전문가의 해석과 결합해 맛 콘셉트와 제품 방향을 설정한 것이 특징입니다. 또한 패키지 디자인과 디지털 체험 요소에도 AI 기반 기술을 활용해 미래지향적인 시각적 정체성과 소비자 참여 경험을 구현했습니다.

- **리테일(Starbucks의 Deep Brew):** 스타벅스의 AI 플랫폼 '딥 브루(Deep Brew)'는 날씨, 시간대, 매장 위치, 고객의 개인 취향을 분석해 앱 화면을 개인화합니다. 비 오는 날 아침에는 따뜻한 라떼를, 더운 오후에는 프라푸치노를 추천하는 식입니다. 이를 통해 스타벅스는 단순한 커피 전문점을 넘어, 고객 한 명 한 명을 알아보는 '디지털 단골 카페'로 진화했습니다.

고객 · 상품 전략 AI의 주요 적용 가능 영역			
산업	주요 활용 시나리오	기존 문제점	AI 적용 시 기대 효과
소비재	신제품 콘셉트 검증	설문 중심의 감각적 판단 한계	소비자 반응·리뷰 데이터를 분석해 성공 확률 높은 콘셉트 제안
유통	개인화 상품 추천	추천 정확도가 낮고 반응 편차 큼	고객 구매 이력·체류 데이터로 초개인화된 추천 목록 제공
제조업	제품 기능 개선	피드백 수집 및 반영 지연	제품 사용 데이터(Log) 분석으로 기능 개선 포인트 자동 도출
자동차	운전자 행동 분석	차량 이용 데이터 미활용	운전 습관·환경 데이터를 분석해 맞춤형 주행 모드나 보험 상품 제안

금융	상품 적합성 예측	획일적인 상품 추천(Push)	고객 세그먼트별 투자 성향과 라이프스타일을 분석해 최적 상품 매칭
의료	환자 경험 개선	진료 후 만족도 조사에 의존	진료 데이터·후기 분석으로 대기 시간 단축 등 서비스 개선점 도출
서비스업	고객 불만 예측	VOC(고객의 소리) 사후 대응 중심	상담 내용의 감정 분석(NLP)으로 불만 징후를 조기 탐지 및 선제 대응
교육	학습 성향 분석	일괄적인 교육 커리큘럼 제공	학습 데이터를 분석해 개인별 강약점에 맞춘 학습 경로 추천
IT/플랫폼	사용자 행동 분석	앱 내 이용 흐름 파악의 한계	클릭·이탈 패턴을 분석해 사용자 경험(UX) 개선 포인트 제안
패션	스타일 추천	트렌드 중심의 일방적 추천	개인 취향·체형·기후 데이터를 결합하여 '나만의 스타일' 추천 강화

◆ 도입 시 반드시 고려해야 할 5가지 체크포인트

고객 데이터를 다루는 이 영역은 성과가 큰 만큼 리스크도 큽니다. 특히 '신뢰'를 잃으면 모든 것을 잃을 수 있기에 다음 5가지를 반드시 점검해야 합니다.

① 데이터의 품질과 통합(Data Quality & Integration): 고객 데이터는 앱, 웹, 매장, 상담실 등 여러 곳에 흩어져 있습니다. 이를 하나로 모으는 CDP(Customer Data Platform) 구축이 선행되지 않으면, AI는 반쪽짜리 고객만 알게 됩니다. 정제되지 않은 데이터는 왜곡된 인사이트를 낳습니다.

② 프라이버시와 신뢰(Privacy & Trust): "AI가 나를 감시한다"는 느낌을 주면 고객은 떠납니다. 개인정보 활용에 대한 투명한 동의를 받고, 고객이 혜택을 느낄 수 있는 수준에서 조심스럽게 접근해야

합니다. 과도한 개인화는 오히려 독이 될 수 있습니다.

③ 해석의 오류 경계(Correlation vs Causation): AI가 찾은 패턴은 '상관관계'일 뿐 '인과관계'가 아닐 수 있습니다. "여름에 아이스크림 판매와 익사 사고가 같이 늘어난다"고 해서, 아이스크림이 익사의 원인은 아닙니다. 데이터 분석의 한계를 인지하고 인간의 통찰력을 더해야 합니다.

④ 조직 내 사일로(Silo) 타파: AI가 "이 고객이 떠날 것 같습니다"라고 예측해도, 마케팅팀과 영업팀이 따로 놀면 아무 소용이 없습니다. 인사이트를 즉시 실행으로 옮길 수 있도록 부서 간 데이터와 업무 장벽을 허물어야 합니다.

⑤ 투명성과 신뢰 회복(Transparency): 고객에게 "우리는 당신의 편의를 위해 데이터를 이렇게 활용하고 있습니다"라고 명확히 알리고 소통해야 합니다. 신뢰를 기반으로 한 투명한 데이터 활용 문화만이 장기적인 경쟁력이 됩니다.

"데이터가 고객을 분석하는 순간, 고객은 회피합니다. 하지만 데이터가 고객을 이해하고 배려하는 순간, 고객은 팬이 됩니다."

6. 데이터로 경영의 불확실성을 걷어내는 의사결정 지원

◆ 정답이 없는 문제에 대해, 최적의 해답을 제안하다

경영은 매 순간 선택의 연속입니다. "생산량을 늘릴 것인가, 줄일 것인가?", "가격을 5% 올리면 수익은 얼마나 변할까?"와 같은 질문에는 정해진 정답이 없습니다. 수많은 변수가 복잡하게 얽혀 있기 때문입니다.

'의사결정 지원(Decision Intelligence)' AI는 이러한 복잡한 경영 환경 속에서 '불확실성(Uncertainty)'을 줄여주는 역할을 합니다.

AI는 단순히 과거 데이터를 보여주는 것을 넘어, 다양한 변수를 고려한 시나리오를 시뮬레이션합니다. 경영진이 A안과 B안 사이에서 고민할 때, AI는 "A안을 선택하면 매출은 10% 늘지만 재고 비용이 20% 증가하고, B안은 매출 변화는 적지만 이익률이 5% 개선됩니다"라고 구체적인 근거를 제시합니다.

◆ 복잡한 방정식의 해법을 푸는 참모

각 산업에서 AI가 어떻게 경영진의 전략적 판단을 돕는지 살펴보겠습니다.

- **제조업(생산 최적화 시뮬레이션)**: 제조 기업의 가장 큰 고민은 '얼마나 만들 것인가'입니다. AI는 주문량, 원자재 가격, 납기 일정, 공장 가동률 등 수십 가지 변수를 동시에 고려하여 최적의 생산 계획을 시뮬레이션합니다. 관리자가 머리로 계산할 때는 놓쳤던 변수들까지 고려하여, 비용은 최소화하고 납기는 맞추는 '황금비율'을 찾아냅니다.
- **유통업(가격 전략 최적화)**: 대형 유통사는 시즌별 수요, 경쟁사 할인율, 재고 회전율 등을 분석해 가격 정책을 결정합니다. AI는 "특정 상품의 가격을 5% 인하했을 때 매출 총이익과 재고 소진 속도가 어떻게 변할지"를 미리 계산해 보여줍니다. 이를 통해 무리한 할인으로 인한 손실을 막고 이익을 극대화하는 전략을 수립할 수 있습니다.
- **금융업(리스크 기반 포트폴리오 관리)**: 투자사에서 AI는 실시간 경제 지표와 뉴스, 투자 심리 변화를 종합하여 시장 변동성을 감지합니다.

특정 산업군에 부정적 이슈가 발생하면, AI가 즉시 리스크 요인을 경고하고 포트폴리오 재조정 시나리오를 제안합니다. 이는 시장의 공포나 탐욕에 휩쓸리지 않고 냉철한 판단을 내릴 수 있게 돕습니다.

의사결정 지원 AI의 주요 적용 가능 영역			
산업	주요 활용 시나리오	기존 문제점	AI 적용 시 기대 효과
제조업	생산·공급 최적화	변수가 많아 수작업 계획의 한계	다변량 모델을 통해 비용·납기 최적 생산 계획 제안
금융	투자 리스크 분석	복잡한 시장 변수로 대응 지연	실시간 데이터 분석으로 위험 시나리오(Stress Test) 자동 제시
유통	가격·프로모션 결정	할인 효과 예측의 어려움	가격 탄력성과 마진을 고려한 최적 가격 전략 도출
공공	정책 효과 시뮬레이션	정책 시행 후 부작용 발생	인구·소득 데이터를 활용해 정책 시행 전 효과 사전 검증
물류	물류 네트워크 최적화	경험에 의존한 경로 설정	운송비, 거리, 시간을 종합 고려한 최적 거점 및 경로 설계
에너지	전력 수급 계획	기후 변동에 따른 수급 불안	기상 데이터와 소비 패턴을 분석해 발전량 조절 시나리오 제시
건설	프로젝트 리스크 관리	잦은 공기 지연과 예산 초과	일정·자재·인력 변수를 통합 분석해 공정 지연 리스크 예측

◆ 도입 시 반드시 고려해야 할 6가지 체크포인트

의사결정 지원 AI는 경영의 핵심인 '판단'에 개입하기 때문에, 그 결과에 대한 신뢰와 책임 문제가 무엇보다 중요합니다.

① **데이터 거버넌스(Data Governance):** 입력 데이터가 부정확하면 AI의 조언도 틀립니다. 특히 전사적 의사결정에 쓰이는 데이터는 부서 간 기준이 통일되어 있어야 하며, 신뢰성을 지속적으로 검증해야 합니다.

② **설명 가능성(Explainability):** AI가 "생산량을 줄이세요"라고 제안했다면, 경영진은 "왜?"를 알아야 합니다. "원자재 가격 상승 추세와 재고 증가율을 분석한 결과"라는 식의 근거가 시각적으로 제시되어야 현장이 결과를 납득하고 따를 수 있습니다.

③ **책임 소재의 명확화:** AI가 제안한 대로 했다가 손해를 본다면 누구 책임일까요? "AI는 제안하고, 최종 승인은 사람(경영진)이 한다"는 원칙을 세워야 합니다. 의사결정의 주체는 여전히 사람입니다.

④ **조직 내 수용성(Buy-in):** 관리자들은 AI가 자신의 권한을 침해한다고 느낄 수 있습니다. AI를 '경쟁자'가 아닌, 복잡한 계산을 대신해 주는 '유능한 참모'로 인식시키는 변화 관리가 필요합니다.

⑤ **모델의 한계 인식:** AI는 학습 데이터 범위 내에서만 똑똑합니다. 전쟁, 정치적 이슈, 천재지변 같은 데이터 밖의 돌발 변수는 AI가 고려하지 못하므로, 이는 경영자의 직관과 경험으로 보완해야 합니다.

⑥ **윤리적·법적 검토:** 인사 평가나 대출 심사 등에 AI를 활용할 경우, 알고리즘의 편향성이 특정 집단에 불이익을 주지 않는지 사전에 철저히 검증해야 합니다.

"AI가 결정을 대신하지 않습니다. 다만, 잘못된 결정을 내릴 확률을 획기적으로 줄여줄 뿐입니다."

7. 산업별로 특화해 '업(業)의 본질'을 바꾸다

◆ 모든 기업이 쓰지는 않지만, 우리 산업에서는 생존이 걸린 AI

앞서 소개한 6가지 분야가 어느 기업에나 적용 가능한 '공통 필수 과목'이라면, '산업별 특화 영역(Industry-Specific AI)'은 각 산업의 고유한 가치 사슬 깊숙이 들어와 업의 본질을 혁신하는 '전공 심화 과목'입니다.

이 영역의 AI는 범용적인 효율화를 넘어, 그 산업의 핵심 경쟁력(Core Competency) 자체를 재정의합니다. 의료 회사가 신약을 개발하는 기간을 10년에서 2년으로 단축하거나, 농업 회사가 기후를 예측해 수확량을 조절하는 것이 바로 이 영역입니다. 즉, '일반 기술'이 아니라 '산업 전략' 그 자체입니다.

◆ 산업의 지형도를 바꾸는 버티컬(Vertical) AI 사례

각 산업의 핵심 난제를 AI가 어떻게 해결하고 있는지 살펴보겠습니다.

- **의료 · 바이오(AlphaFold와 신약 개발):** 구글 딥마인드의 '알파폴드(AlphaFold)'는 50년 동안 생물학계의 난제였던 단백질 구조 예측을 AI로 해결했습니다. 이는 신약 개발 속도를 획기적으로 단축시키는 '디지털 실험실' 역할을 합니다. 병원에서는 환자의 유전체 데이터를 분석해 항암제 반응률을 미리 예측하는 '정밀 의료'가 현실화되고 있습니다.

- **법률(Legal Tech):** 수만 페이지에 달하는 판례와 계약서를 사람이 검토하는 것은 불가능에 가깝습니다. 법률 특화 AI는 방대한 법적 문서에서 유사 판례를 찾아내고, 계약서의 독소 조항을 1분 만에 찾아내 변호사의 판단을 돕습니다. 이는 법률 서비스의 정확도와 접근

성을 동시에 높이고 있습니다.

- **건설·안전(Safety Vision)**: 건설 현장에서는 CCTV와 드론이 촬영한 영상을 AI가 실시간으로 분석합니다. 작업자가 안전모를 쓰지 않았거나 위험 구역에 접근하면 즉시 경고 방송을 내보내 사고를 예방합니다. 이는 단순한 감시가 아니라 사람의 생명을 지키는 기술입니다.

- **에너지(Smart Grid)**: 태양광이나 풍력 같은 재생에너지는 날씨에 따라 발전량이 들쑥날쑥하여 전력망 관리가 어렵습니다. 에너지 기업들은 기상 데이터와 전력 소비 패턴을 통합 분석하는 AI를 도입해 전력 수급을 실시간으로 예측하고 균형을 맞춥니다.

산업별 특화 AI 적용 예시(Vertical AI Map)			
산업	**주요 특화 영역**	**적용 목적**	**AI 역할**
의료	환자 맞춤 치료 예측	치료 효과 향상	임상·유전 데이터 기반 치료 반응 예측 및 최적 약물 제안
제조	자율 공정 제어	생산 효율 극대화	실시간 데이터로 공정 조건(온도, 압력 등) 자동 미세 조정
금융	실시간 사기 탐지	거래 보안 강화	거래 패턴·위치 데이터 기반 0.1초 내 이상 거래 탐지
에너지	재생에너지 수급 예측	전력망 안정화	기후·소비량 데이터를 통합 예측하여 발전량 조절 시나리오 제시
유통	물류 경로 자율 최적화	배송 효율 향상	실시간 수요·교통 데이터로 트럭 및 로봇의 최적 경로 자동 설정
교육	학습 맞춤 AI 튜터	개인 학습 효율화	학습 이력과 오답 패턴을 분석해 1:1 맞춤형 문제 및 콘텐츠 제공
공공	도시 데이터 통합 관리	행정 효율 증대	교통·환경·CCTV 데이터를 통합해 신호 체계 및 도시 운영 최적화

농업	작황 예측 및 질병 감지	생산 안정성 강화	위성·센서 데이터 분석으로 생육 상태 판단 및 병충해 경보
건설	안전 리스크 예측	사고 예방	현장 이미지·센서 데이터로 위험 징후(균열, 미착용 등) 탐지
물류	항만·공항 자동화	물류 처리 속도 향상	로봇·AI 비전으로 화물 분류, 이동 및 적재 자동화

◆ 도입 시 반드시 고려해야 할 5가지 체크포인트

산업 특화 AI는 일반 AI보다 훨씬 깊은 전문성이 요구되므로 진입 장벽이 높습니다.

① **도메인 데이터 확보**: 일반적인 데이터로는 학습이 불가능합니다. 의료 영상, 발전소 센서 값, 농작물 이미지, 건설 도면 등 해당 산업만의 특수하고 표준화된 데이터를 확보하는 것이 가장 큰 과제입니다.

② **전문가와의 협업 필수**: AI가 아무리 똑똑해도 의사의 진단, 엔지니어의 공학적 지식, 변호사의 법리를 100% 대체할 수는 없습니다. AI의 판단을 전문가가 검증하고 보완하는 협업 구조가 없으면 현장에 적용하기 어렵습니다.

③ **규제 및 윤리 준수**: 의료, 금융, 법률 분야는 법적 규제가 매우 엄격합니다. AI 모델이 개인정보보호법이나 산업별 안전 규정을 준수하는지, 윤리적 문제는 없는지 설계 단계부터 법적 검토가 병행되어야 합니다.

④ **비용 대비 효과(ROI) 검증**: 특화 AI는 구축 비용이 매우 높습니다. 따라서 기술적 호기심으로 접근하기보다, 명확한 비즈니스 목표와 경제적 타당성을 먼저 확보해야 합니다.

⑤ **생태계 협력:** 한 기업의 데이터만으로는 부족할 수 있습니다. 산업 내 파트너, 연구소, 심지어 경쟁사와도 데이터를 표준화하고 공유하는 '오픈 이노베이션' 전략이 필요할 수 있습니다.

결국 산업 특화 AI는 한 기업의 프로젝트가 아니라, '산업 전체의 진화 과정'입니다. 이 흐름에 올라탄 기업만이 다음 세대의 리디가 될 것입니다.

우리 회사
AI 전환,
어떻게 시작할까?

제5장

맞춤형 AI의 구축과 운영
(How to Build)

맞춤형 AI 구축의 7단계
: 음식 재료부터 완성까지

"악마는 디테일에 있다(The devil is in the details)"

앞선 4장에서 맞춤형 AI가 왜 필요한지(Why), 그리고 무엇을 할 수 있는지(What)를 다루었습니다. 이제는 실제로 그것을 어떻게 만들 것인가(How)에 대해 이야기할 차례입니다.

많은 기업이 야심 차게 AI 도입을 선언하고도 실패하는 이유는 기술 자체가 부족해서라기보다, 구축 프로세스의 특수성을 간과하기 때문입니다. AI 구축은 단순히 패키지 소프트웨어를 설치하는 것이 아닙니다. 데이터를 다듬고, 모델을 가르치고, 끊임없이 시험하여 최적의 상태를 찾아가는 고도화된 '엔지니어링(Engineering)' 과정입니다.

이번 장에서는 맞춤형 AI를 성공적으로 구축하기 위한 실무적인 단계와 고려사항들을 상세히 다룹니다.

맞춤형 AI를 구축하는 과정은 훌륭한 요리를 만드는 과정과 매우 흡사합니다. 신선한 재료(데이터)를 구해, 먹기 좋게 손질(전처리)하고, 알맞은 조리법(모델링)으로 조리(학습)한 뒤, 손님에게 내놓기 전에 맛을 보는(검증) 과정이 필요하기 때문입니다.

하지만 결정적인 차이가 하나 있습니다. 일반적인 소프트웨어 개발이 입력된 규칙대로 100% 동일한 결과가 나오는 '결정론적(Deterministic)' 과정이라면, AI 개발은 데이터와 학습 상태에 따라 결과가 달라질 수 있는 '확률적(Probabilistic)' 과정이라는 점입니다. 따라서 한 번에 완벽하게 끝나는 '직선형(Waterfall)' 진행보다는, 결과를 확인하고 다시 앞 단계로 돌아가 튜닝하는 '순환형(Iterative)' 접근이 필수적입니다.

성공적인 맞춤형 AI 구축을 위해서는 다음의 7단계 프로세스를 체계적으로 밟아나가야 합니다.

- **1단계** **목표 정의(Goal Definition)**: 맞춤형 AI는 'AI 도입 선언'이 아니라 구체적인 업무 문제 해결에서 출발해야 합니다. 예를 들어 "고객 응대 시간 30% 단축", "불량 판정 정확도 95% 이상"처럼 정량적 KPI를 설정하고, 정확도 · 속도 · 비용 · 설명가능성 중 무엇을 우선할지 명확히 합니다. 이 단계에서 AI 적용이 적절한지(규칙 기반으로 충분한지 여부)도 함께 판단합니다.

- **2단계** **데이터 정의 및 수집(Data Identification & Collection)**: 문제 해결에 실제로 필요한 데이터가 무엇인지 먼저 정의한 후 수집합니다. ERP · MES · CRM 등 기존 시스템의 정형 데이터뿐 아니라 로그, 이미지, 센서 데이터 등 비정형 데이터도 포함될 수 있습니다. 이때 데이터 품질, 최신성, 대표성을 점검하고, 개인정보 · 영업기밀 · 저작권 등 법 · 보안 리스크를 초기 단계에서 통제합니다.

- **3단계** **데이터 정제 및 전처리(Data Preprocessing)**: 수집된 원시 데이터는 그대로 학습에 사용할 수 없으므로 정제 · 정규화 · 라벨링 과정을 거칩니다. 결측치 제거, 이상치 처리, 단위 통일, 클래

스 불균형 보정 등이 여기에 포함되며, 개인정보는 익명화·가명화 처리합니다. 이 단계의 품질이 최종 AI 성능을 좌우합니다.

- **4단계** 모델 설계 및 선택(Model Design & Selection): 정의한 문제 유형에 맞춰 적절한 모델 구조와 알고리즘을 선택합니다. 분류·예측·추천·이상탐지 등 목적에 따라 통계 모델, 머신러닝, 딥러닝 중 적합한 접근을 결정하며, 설명가능성·운영 안정성·보안 요구사항에 따라 오픈소스 기반 자체 구축, 상용 솔루션, 클라우드 서비스를 조합합니다. 이 단계는 '최신 모델'이 아니라 업무 적합성이 기준입니다.

- **5단계** 모델 학습 및 튜닝(Model Training & Tuning): 준비된 데이터를 활용해 모델을 학습시키고, 하이퍼파라미터 조정 등을 통해 성능을 개선합니다. 업무 특성에 따라 소량 데이터 학습, 점진적 재학습, 규칙·통계 모델과의 결합 등 현실적인 전략을 적용하며, 과적합(Overfitting)을 방지하는 것이 중요합니다.

- **6단계** 검증 및 성능 평가(Validation & Evaluation): 학습된 모델이 실제 업무 환경에서도 신뢰할 수 있는지 검증합니다. 정확도, 재현율, 오차율 등 문제 유형에 맞는 성능 지표를 활용하고, 현업 사용자가 직접 결과를 검토하는 업무 적합성 평가를 병행합니다. 또한 테스트 데이터와 운영 데이터를 구분해 재현성·안정성을 확인합니다.

- **7단계** 운영 적용 및 지속 개선(Deployment & Continuous Improvement): 마지막 단계는 '모델 개발'이 아니라 '업무 내재화'입니다. AI를 기존 업무 시스템과 연계해 실제 프로세스에 녹이고, 성능 저하나 환경 변화에 대비해 모니터링·재학습·모델 교체 체계를 구축합니다. 맞춤형 AI는 일회성 프로젝트가 아니라 지속적으로 진화하는 운영 자산입니다.

◆ 춥고 더움에 따라 메뉴는 달라진다: 문제 정의의 중요성

AI 구축 프로젝트에서 가장 중요한 단계가 '문제 정의'라는 것은 누구나 아는 사실입니다. 목적이 명확하지 않으면 좋은 결과를 기대할 수 없다는 말은 이론적으로 지극히 당연합니다. 하지만 실제 현장에서 이를 실천하기란 매우 어렵습니다. AI가 무엇을 할 수 있는지 정확히 이해하지 못하면, 우리 업무 중 어떤 문제를 해결할 수 있는지 식별해내는 것 자체가 불가능하기 때문입니다.

따라서 기획 단계는 단순한 아이디어 회의가 아니라, 기술과 업무를 조율하고 구체적인 설계도를 그리는 치열한 과정이어야 합니다.

◆ 현업과 AI 전문가의 눈높이 맞추기(Alignment)

성공적인 문제 정의를 위해서는 현업(Domain Expert)과 AI 전문가(Tech Expert)의 긴밀한 협업이 필수적입니다. 프로젝트 초기에 흔히 발생하는 '동상이몽'을 해결해야 하기 때문입니다.

- **현업의 딜레마**: 현업 담당자가 해결하고 싶어 하는 문제는 비즈니스 가치는 높지만, 현재 기술로는 구현이 매우 어렵거나 불가능한 경우가 많습니다.

- **AI 전문가의 딜레마**: 반대로 기술적으로 구현하기 쉬운 문제는 현업 입장에서 굳이 비싼 돈을 들여 해결할 만큼 중요하지 않은 업무일 수 있습니다.

- **해결책**: 심도 있는 논의를 통해 '기술적으로 가능하면서도 현업에게 가

치 있는' 교집합(Sweet Spot)을 찾아 적정 수준을 합의해야 합니다.

◆ 벤치마킹: 선행 사례가 있다면 충분히 활용하라

무조건 처음부터 모든 것을 검증하려 하기보다, 동종 업계나 유사한 업무에 도입된 선행 사례가 있다면 이를 적극적으로 참고하는 것이 현명합니다. 타산지석(他山之石)의 지혜가 필요합니다.

- **현실적인 목표 수준 가능**: 비슷한 업종의 다른 회사가 AI 도입을 위해 어떤 목표를 세웠고, 어느 수준(정확도 몇 %, 시간 단축 몇 시간 등)으로 구현했는지 조사하십시오. 그들이 도달한 수준을 참고하면 터무니없이 높은 목표를 세우는 실수를 방지할 수 있습니다.
- **불필요한 시행착오 최소화**: 동종사도 이미 우리와 비슷한 고민을 했고, 현실적으로 AI로 해결하기 어려운 것들은 과감히 제외했을 것입니다. 획기적인 기술 발전이 없었다면 우리 역시 해결하기 힘든 문제일 가능성이 높습니다. 선행 사례를 분석함으로써 우리는 그들이 겪은 시행착오를 건너뛰고 바로 본론으로 들어갈 수 있습니다.
- **단계적 고도화**: 일단 검증된 영역에서 성공 경험을 쌓아 내부의 AI 이해도와 기술력을 높이십시오. 경쟁 우위를 위한 차별화된 고난도 문제는 그 이후에 도전해도 늦지 않습니다.

◆ 문제 구체화 및 시나리오 설계(Define & Design)

목표 수준이 정해졌다면, 이제 그것을 구체적인 기획서로 옮겨야 합니다.

- **현황 분석(As-Is) vs 목표(To-Be)**: 현재 업무의 병목 구간이 어디인지(예: 단순 반복 질문에 시간 40% 소요), AI 도입 후 어떻게

  　　•• 우리 회사 AI 전환, 어떻게 시작할까?

변할지(예: 챗봇이 단순 질문 80% 처리)를 명확히 정의합니다.

- **사용자(Persona) 및 시나리오**: 누가 사용하는가에 따라 설계가 달라집니다. 내부 직원용(B2E)이라면 정확도와 업무 효율성에, 외부 고객용(B2C)이라면 친절함과 안전성(Safety)에 초점을 맞춰 사용자 여정(User Journey)을 설계합니다.

◆ 요구사항 정의 및 KPI 설정(Requirements & KPI)

마지막으로, 개발자가 구현할 수 있도록 '말'을 '숫자'와 '스펙'으로 바꿉니다.

- **기능/비기능 요구사항**: AI가 수행할 기능(요약, 분류, 생성 등)뿐만 아니라, 응답 속도(Latency), 동시 접속자 수 등 성능 기준을 명문화합니다.
- **성공 지표(KPI) 합의**: 프로젝트 성공 여부를 판단할 정량적 지표를 설정합니다.
- **기술 지표**: 정확도 95% 이상, 환각률 5% 미만
- **비즈니스 지표**: 업무 시간 30% 단축, 고객 응대 비용 10% 절감
- **실현 가능성 검토(Feasibility)**: 목표 달성에 필요한 데이터가 내부에 충분히 존재하는지, 예산 범위 내에서 구현 가능한지 냉정하게 따져봅니다.

Writer's Tip 기획서에 '데이터 예시'를 반드시 포함하세요. 많은 기획자들이 기능 목록만 나열하고 정작 중요한 데이터는 간과합니다. 개발자에게 가장 필요한 것은 "사용자가 A라고 물으면(Input), AI는 B라고 답해야 해(Output)"라는 구체적인 입출력 예시(Few-shot Examples)입니다. 기획 단계에서 이상적인 답변 예시를 10개만 만들어도 개발 시행착오를 획기적으로 줄일 수 있습니다.

◆ 어떤 재료를 어디서 구해올 것인가?

목표가 정해졌다면, 이제 AI 학습에 필요한 데이터를 확보해야 합니다. 예를 들어, '온라인 쇼핑몰에서 고객 이탈을 예측하는 AI'를 만든다고 가정해 봅시다. 단순히 "고객 데이터가 필요해"라고 해서는 부족합니다. 고객의 기본 정보, 최근 3개월간의 주문 이력, 웹사이트 접속 로그, 고객센터 문의 기록 등 구체적으로 어떤 데이터가 필요한지 정의해야 합니다.

◆ 데이터 소스: 내부와 외부의 조화

필요한 데이터가 정의되었다면, 그것이 어디에 있는지 파악해야 합니다.

- 내부 데이터(Internal Source): 회사 내부 시스템(ERP, CRM, DB)에 쌓여 있는 데이터입니다. 쇼핑몰 예시라면 주문 내역이나 회원 정보가 여기에 해당합니다.
- 외부 데이터(External Source): 우리 회사에는 없지만 분석에 꼭 필요한 데이터입니다. 고객의 솔직한 반응을 알기 위해 외부 리뷰 사이트나 SNS 데이터를 가져오거나, 날씨가 판매에 영향을 준다면 기상청 데이터를 가져와야 할 수도 있습니다.

◆ 수집 방법: API부터 ETL까지

데이터가 저장된 위치에 따라 가져오는 도구(Method)도 달라집니다.

- **파일 추출(File Extraction):** 엑셀(Excel), CSV, TXT 등 담당
  자가 관리하는 파일을 직접 수집하는 가장 기초적인 방법입니다.

- **API(Application Programming Interface):** 시스템 간에 대
  화를 할 수 있는 창구입니다. 네이버나 구글 같은 외부 플랫폼의 데
  이터를 가져올 때 주로 사용하며, 정해진 규칙에 따라 안정적으로 데
  이터를 주고받을 수 있습니다.

- **웹 크롤링(Web Crawling):** API를 제공하지 않는 웹사이트의 정
  보를 수집할 때 사용합니다. 뉴스 기사나 댓글 등을 긁어올 때 유용
  하지만, 사이트 구조가 바뀌면 수집이 중단될 수 있습니다.

- **ETL(Extract, Transform, Load):** 대규모 시스템(데이터 웨어
  하우스, 데이터 레이크)에서 주로 사용됩니다. 데이터를 추출(E)하
  고, 변환(T)하여, 적재(L)하는 일련의 과정을 자동화하여 대용량 데
  이터를 처리합니다.

◆ 수집 시 고려사항: 법적 리스크와 규모

데이터를 무턱대고 많이 모은다고 능사가 아닙니다. 수집 단계에서
반드시 체크해야 할 '지뢰'들이 있습니다.

- **개인정보 및 보안(Privacy):** 고객의 이름, 전화번호 등 민감 정보는
  수집 단계부터 법적 규제(개인정보보호법 등)를 준수해야 합니다. 특
  히 대기업의 경우, 보안 이슈는 회사의 생존과 직결되는 문제입니다.

- **저작권(Copyright):** 뉴스 기사나 이미지를 무단으로 수집해 AI 학
  습에 사용하다가 소송에 휘말리는 사례가 늘고 있습니다. 외부 데이
  터를 쓸 때는 반드시 저작권과 사용 범위를 확인해야 합니다.

- **확장성(Scalability):** 데이터의 양이 테라바이트(TB) 단위로 커진
  다면, 한 대의 서버로는 처리가 불가능할 수 있습니다. 이때는 분산

처리 시스템을 구축하거나 클라우드(Cloud) 환경을 활용하는 방안
을 고려해야 합니다.

[3단계] 데이터 전처리(Data Preprocessing)

◆ 쌀에 섞인 돌을 골라내야 밥을 지을 수 있다

힘들게 데이터를 수집했더라도, 이를 바로 AI에게 먹일 수는 없습니다.
수집된 원본 데이터에는 오류, 오타, 빈칸(누락)이 섞여 있기 때문입니다.
쌀에 돌이 섞여 있으면 밥을 지을 수 없듯이, 제각각인 데이터들을 AI가
학습할 수 있는 상태로 다듬는 과정을 '데이터 전처리'라고 합니다.

전처리는 AI 성능을 결정짓는 가장 중요한 단계이며, 구체적으로
다음과 같은 작업들을 수행합니다.

주요 데이터 전처리 작업 및 예시		
구분	설명	예시
정제 및 클리닝 (Cleansing)	오류 데이터나 중복된 데이터를 제거하는 작업	• 중복 가입 고객 삭제 • 나이가 '−1세'인 오류 데이터 제거 • 이메일 주소가 없는 유령 계정 삭제
결측치 처리 (Missing Value)	비어 있는 값을 채우거나 해당 데이터를 제외하는 작업	• 주소가 없으면 'Unknown'으로 표기 • 핵심 데이터가 누락된 경우 행 삭제
이상치 처리 (Outlier Handling)	정상 범위를 벗어난 튀는 값을 보정하거나 삭제	• 특정 고객의 구매액이 '9999억'인 경우(시스템 오류) 확인 후 삭제

정규화/표준화 (Normalization)	단위가 다른 수치형 데이터의 척도(Scale)를 맞추는 작업	• 방문 횟수(1~100회)와 구매 금액(1만~1000만 원)을 모두 0~1 사이 값으로 변환
통합/병합 (Merging)	여러 곳에 흩어진 데이터를 하나로 합치는 작업	• 고객 테이블과 주문 테이블을 '고객ID' 기준으로 연결(Join)
샘플링/분할 (Splitting)	데이터를 학습용과 평가용으로 나누거나 대표값 추출	• 전체 데이터의 80%는 학습에, 20%는 성능 평가에 사용

◆ 전처리의 핵심 원칙, 목적과 편향성

전처리는 기계적인 작업이 아닙니다. 분석 목적에 따라 '무엇을 남기고 무엇을 버릴지' 결정하는 고도의 판단이 필요합니다.

- **목적 지향적 정리**: 예측, 분류 등 AI의 목적에 부합하는 데이터 (Feature)는 적극적으로 늘리고, 의미 없는 변수는 과감히 제거해야 합니다.

- **데이터 편향(Bias) 주의**: 이상치(Outlier)를 제거할 때 매우 신중해야 합니다. 예를 들어, 은행 대출 심사 모델을 만들 때 소득이 극단적으로 낮은 데이터를 단순히 '이상치'로 보고 삭제했다고 가정해 봅시다. 이 경우 AI는 저소득층(청년, 프리랜서 등)에 대한 데이터를 학습하지 못하게 되고, 결과적으로 이들의 대출을 부당하게 거절하는 '편향된 모델'이 만들어질 수 있습니다.

◆ 재현 가능성(Reproducibility): 엑셀의 함정에 빠지지 마라

많은 실무자가 엑셀로 전처리를 하곤 합니다. 수작업으로 데이터를 지우고 고치는 것이 당장은 편해 보이기 때문입니다. 하지만 이는 치명적인 실수가 될 수 있습니다.

- **일관성의 문제**: 다음 달에 새로운 데이터가 들어왔을 때, 지난달에 엑셀에서 어떤 데이터를 지웠고 어떤 기준으로 수정했는지 기억할 수 있을까요? 사람이 매번 개입하면 반드시 오류가 생깁니다.

- **자동화 파이프라인 구축**: AI는 한 번 만들고 끝나는 것이 아닙니다. 새로운 데이터로 계속 재학습을 해야 합니다. 따라서 전처리 과정은 반드시 코드나 소프트웨어를 통해 기록되어야 하며, 언제든 동일한 규칙으로 반복 실행(Automation)될 수 있어야 합니다.

[4단계] 모델 설계 및 개발(Model Design & Development)

◆ 레시피를 만들다: 문제 해결의 공식화

목표와 데이터가 준비되었다면, 이제 실제로 문제를 해결할 인공지능의 구조(Algorithm)를 선정하고 구현하는 단계로 진입합니다. 이 단계에서 어떤 의사결정을 내리느냐에 따라 AI의 성능은 물론 도입 비용과 효과가 천차만별로 달라집니다.

모델 설계는 크게 ①문제 유형의 파악, ②알고리즘 선정, ③개발 환경 및 인프라 구축의 순서로 진행됩니다.

◆ 문제 유형의 입체적 정의(Problem Classification)

가장 먼저 할 일은 "우리가 풀려는 문제가 족보 상 어디에 속하는가?"를 파악하는 것입니다. 문제는 바라보는 관점에 따라 다음과 같이 분류됩니다.

- **업무 관점**: 무엇을 하려 하는가? (예측, 분류, 탐지, 자동화, 최적화)

- **데이터 라벨 관점**: 정답지가 있는가? (지도학습, 비지도학습, 강화학습)

- **데이터 형태 관점**: 데이터가 어떻게 생겼나? (정형 데이터, 비정형 데이터)

실무에서는 이 분류 틀을 복합적으로 적용해야 합니다. 예를 들어 '고객 이탈 예측'은 [지도학습 + 분류 + 정형데이터] 문제로 정의되고, '불량품 이미지 탐지'는 [지도학습 + 분류 + 비정형(이미지)데이터] 문제로 정의됩니다. 이렇게 정의가 명확해야 적합한 알고리즘을 고를 수 있습니다.

도메인별 AI 문제 유형 및 적용 가이드			
도메인 유형	정의 (Definition)	주요 사례 (Examples)	적용 시 유의점 (Key Point)
예측 (Prediction)	과거 패턴을 기반으로 미래의 수치나 상태, 확률을 산출	• 수요/매출 예측 • 고객 이탈 예측 • 주가/부동산 예측	• 계절성(Seasonality)과 트렌드 반영 필수 • 예측 성능 기준(오차 범위 등) 사전 합의
분류 (Classification)	사전에 정의된 그룹 중 하나로 데이터를 자동 구분	• 스팸메일 필터링 • 제조 불량 판정 • 문의 유형 자동 분류	• 클래스 불균형(정상 99%, 불량 1%) 해결 • 과적합(Overfitting) 방지 조치 필요
패턴/이상탐지 (Anomaly Detection)	정상 범주를 벗어난 특이 패턴이나 징후를 감지	• 금융사기(FDS) 탐지 • 설비 고장 전조 감지 • 네트워크 침입 탐지	• '정상'과 '이상'의 기준 정의가 모호함 • 오탐(False Positive) 최소화가 관건

자동화 (Automation)	반복적 프로세스를 AI로 대체하여 효율화	• 문서(OCR) 자동 입력 • 챗봇 상담 자동화 • CCTV 자동 관제	• 예외 상황(Edge Case)에 대한 처리 로직 • 현업과 협의를 통한 단계적 도입
최적화 (Optimization)	제약 조건 내에서 비용 최소화/이익 최대화 해답 도출	• 물류 경로 최적화 • 재고 관리 최적화 • 마케팅 예산 배분	• 실제 운영 환경의 제약조건 반영 • 실시간 계산 시 연산 속도 고려

◆ 알고리즘 선정(Algorithm Selection)

모델 설계 단계에서는 해결하고자 하는 문제의 성격과 활용 가능한 데이터의 유형, 시스템 운영 환경을 종합적으로 고려하여 적절한 알고리즘을 선정해야 합니다. 기업에서 활용되는 맞춤형 AI 모델은 크게 머신러닝 기반 접근과 딥러닝 기반 접근으로 구분할 수 있으며, 두 방식은 적용 대상과 요구 조건에 따라 선택됩니다.

먼저 머신러닝 기반 알고리즘은 사람이 정의한 특징(feature)을 중심으로 모델을 학습시키는 방식입니다. 비교적 구조가 단순하고 학습 과정과 결과에 대한 해석이 용이하다는 장점이 있습니다. 데이터 규모가 크지 않거나, 예측 결과에 대한 설명 가능성이 중요한 업무에 적합합니다. 예를 들어 선형 회귀나 로지스틱 회귀는 수요 예측이나 이탈 예측과 같은 정형 데이터 기반 문제에 활용될 수 있으며, 결정트리나 랜덤 포레스트는 규칙 기반 판단이나 품질 이상 탐지와 같은 업무에 효과적으로 적용됩니다. 이러한 머신러닝 모델은 구현과 운영이 비교적 용이하여 기업의 초기 AI 도입이나 의사결정 지원 시스템에 널리 활용됩니다.

<table>
<tr><td colspan="4" align="center">머신러닝 기반 주요 알고리즘과 적용 사례</td></tr>
<tr><td align="center">알고리즘</td><td align="center">주요 용도</td><td align="center">특징</td><td align="center">적용 예시</td></tr>
<tr><td align="center">선형/로지스틱 회귀</td><td align="center">예측, 분류</td><td align="center">해석이 용이,
구현이 간단</td><td align="center">수요 예측, 이탈 예측</td></tr>
<tr><td align="center">결정트리</td><td align="center">분류, 규칙 도출</td><td align="center">직관적 규칙 표현</td><td align="center">승인/거절 판단</td></tr>
<tr><td align="center">랜덤 포레스트</td><td align="center">분류, 예측</td><td align="center">성능 안정적,
과적합 완화</td><td align="center">품질 이상 탐지</td></tr>
<tr><td align="center">SVM</td><td align="center">분류</td><td align="center">고차원 데이터에 강점</td><td align="center">문서 분류</td></tr>
</table>

따라서 알고리즘 선정 시에는 단순히 최신 기술이나 성능 지표만을 기준으로 판단하기보다는, 데이터의 규모와 유형, 결과에 대한 설명 가능성, 시스템 복잡도와 운영 비용 등을 종합적으로 고려해야 합니다. 경우에 따라서는 머신러닝과 딥러닝을 혼합하여 활용하거나, 단계적으로 고도화하는 전략도 효과적인 선택이 될 수 있습니다. 알고리즘 선정은 기술적 선택을 넘어, 기업의 업무 특성과 운영 현실을 반영한 비즈니스 설계의 일부라는 점을 인식하는 것이 중요합니다.

최근 우리가 일상적으로 접하는 'AI'는 대부분 신경망 기반의 딥러닝(Deep Learning) 기술입니다.

- ChatGPT: 트랜스포머(Transformer) 알고리즘을 사용하여 언어를 이해하고 생성합니다.

- DALL-E, Midjourney: 디퓨전(Diffusion) 모델이나 GAN을 사용하여 이미지를 생성합니다.

- AlphaGo: CNN(이미지 인식)에 강화학습을 결합하여 바둑의 수를 예측했습니다.

◆ **개발 언어 및 인프라(Language & Infrastructure)**

설계도를 그렸다면 이제 집을 지을 도구와 땅이 필요합니다.

- **프로그래밍 언어**: AI 개발의 표준어는 파이썬(Python)입니다. 전 세계 수많은 전문가가 만들어 놓은 라이브러리(TensorFlow, PyTorch, Scikit-learn 등)를 레고 블록처럼 가져다 쓰기만 하면 되기 때문에 개발 생산성이 압도적으로 높습니다.

- **연산 인프라(Compute Infrastructure)**: 딥러닝 모델의 학습 과정은 대규모 행렬 연산을 포함하므로, CPU 중심의 환경보다는 GPU 등 연산 가속기를 포함한 컴퓨팅 인프라가 일반적으로 활용됩니다.

- **자체 구축(On-premise)**: 보안이 중요하고 사용량이 일정하다면 장비를 직접 구매합니다.

- **클라우드(Cloud - AWS, Azure, Google)**: 초기 투자 없이 사용한 만큼만 비용을 냅니다. 확장성이 좋지만, 대용량 데이터를 장기간 학습시킬 경우 장비 구매보다 비용이 훨씬 비싸질 수 있으므로(Bill Shock), 전문가의 비용 시뮬레이션이 필요합니다.

◆ **코드가 썩는 것을 방지하는 MLOps**

AI 코드는 한 번 짜고 끝나는 것이 아닙니다. 데이터가 바뀌면 모델도 바뀌어야 합니다. 과거에 짠 코드가 오늘 들어온 데이터에는 에러를 낼 수도 있습니다. 따라서 '누가 언제 코드를 수정했는지', '어떤 데이터로 학습시켰는지'를 기록하고 관리하는 체계가 필요한데, 이를 MLOps(Machine Learning Operations)라고 합니다. 코드의 재현성(Reproducibility)과 버전 관리가 되지 않으면, 담당자가 퇴사하는 순간 그 AI는 아무도 손댈 수 없는 블랙박스가 되어버립니다.

[5단계] 모델 학습(Model Training)

◆ 맛을 보며 불과 간을 조절하다: 파라미터 최적화

데이터 준비와 모델 설계가 끝났다면, 이제 준비된 데이터를 모델에 주입하여 학습을 시작합니다. 이 과정은 단순히 데이터를 한 번 읽고 끝나는 것이 아니라, 예측값과 실제값의 차이(Loss, 손실)를 최소화하기 위해 수만 번, 수억 번 계산을 반복하며 모델의 파라미터(가중치)를 조정하는 최적화 과정입니다.

성공적인 학습을 위해서는 다음의 핵심 요소들을 이해하고 관리해야 합니다.

◆ 데이터의 전략적 분할: 학습(Train), 검증(Validation), 테스트(Test)

수집한 데이터를 몽땅 학습에 써버리면, 나중에 이 AI가 정말로 공부를 잘해서 정답을 맞히는 건지, 아니면 답을 달달 외워서(암기) 맞히는 건지 확인할 방법이 없습니다. 따라서 데이터를 세 가지 용도로 엄격히 나누어 사용해야 합니다.

- 학습 데이터(Training Set, 60~80%): 모델이 실제로 학습하는 데 사용하는 데이터입니다. "교과서"와 같습니다.

- 검증 데이터(Validation Set, 10~20%): 학습 중간중간에 성능을 평가하고, 학습 방향(하이퍼파라미터)을 조정하는 데 사용합니

다 . "모의고사"와 같습니다.

- **테스트 데이터(Test Set, 10~20%)**: 학습이 완전히 끝난 후 최종 성능을 평가할 때 딱 한 번만 사용합니다. "수능 시험"과 같습니다. 모델이 한 번도 보지 못한 데이터여야 공정한 평가가 가능합니다.

◆ 하이퍼파라미터 튜닝(Hyperparameter Tuning)

AI 모델이 스스로 학습하는 파라미터(가중치)와 달리, 사람이 학습 시작 전에 미리 설정해줘야 하는 변수들을 '하이퍼파라미터'라고 합니다. 이를 어떻게 설정하느냐에 따라 학습 속도와 성능이 천차만별입니다.

- **에포크(Epoch)**: 전체 학습 데이터를 몇 번 반복해서 공부할 것인 가? (예: 10 Epoch는 문제집을 10번 풀었다는 뜻)
- **배치 사이즈(Batch Size)**: 한 번에 몇 문제씩 풀고 채점할 것인가?
- **학습률(Learning Rate)**: 오답을 냈을 때, 얼마나 크게 고칠 것인 가? (너무 크면 정답을 지나쳐 버리고, 너무 작으면 학습이 너무 오 래 걸립니다.)

◆ 학습의 최대 적, 과적합(Overfitting)

학습 과정에서 가장 경계해야 할 현상입니다. 모델이 학습 데이터(교과서)에는 너무 완벽하게 적응했지만, 새로운 데이터(실전 문제)에는 엉뚱한 답을 내놓는 상태를 말합니다.

- **원인**: 학습 데이터가 너무 적거나, 모델이 불필요하게 복잡하거나, 학습을 너무 오래(과도한 Epoch) 시켰을 때 발생합니다. 마치 학생 이 수학의 원리를 이해하는 게 아니라, 문제집의 답 번호만 외운 상 태와 같습니다.

- 해결 방법(Regularization):데이터 증강(Data Augmentation), 데이터를 인위적으로 변형해 양을 늘립니다.
- 조기 종료(Early Stopping): 학습하다가 검증 데이터의 성적이 더 이상 오르지 않고 떨어지기 시작하면, 학습을 즉시 중단합니다.
- 드롭아웃(Dropout): 학습 시 신경망의 일부를 무작위로 꺼버려서, 특정 뉴런에만 의존하지 않게 만듭니다.

◆ 손실 함수(Loss Function) 최소화

학습의 목표는 결국 '손실(Loss)을 0에 가깝게 만드는 것'입니다. 손실 함수는 모델이 내놓은 예측값과 실제 정답 사이의 오차를 계산하는 수식입니다. 학습이 진행될수록 이 손실값(Loss Value)이 우하향 곡선을 그리며 떨어져야 정상적인 학습이 이루어지고 있는 것입니다.

 과소적합(Underfitting)이란? 과적합의 반대말입니다. 모델이 너무 단순하거나 학습이 덜 되어서, 학습 데이터조차 제대로 맞히지 못하는 상태를 말합니다. "공부를 덜 해서 교과서 문제도 못 푸는 상태"입니다. 이때는 모델의 복잡도를 높이거나 학습 시간을 늘려야 합니다.

[6단계] 검증 및 평가(Verification & Evaluation)

◆ 맛·건강·모양, 어떻게 평가할 것인가?

모델 학습이 끝났다면, 이 AI가 실전에 투입되어도 될 만큼 똑똑한지 냉정하게 채점해야 합니다. 앞서 학습 단계에서 떼어놓았던 테스트 데이터(Test Set)를 사용하여 성능을 검증합니다.

이때 단순히 "정답을 몇 개 맞혔냐"는 정확도(Accuracy)만으로 판단하면 위험할 수 있습니다. 비즈니스 목적에 따라 '무엇을 틀리면 안 되는지'가 다르기 때문입니다. 이를 구체적인 통신사 고객 이탈 예측 사례를 통해 살펴보겠습니다.

◆ 실전 사례 통신사 고객 이탈 예측 모델 평가

어떤 통신회사가 고객의 해지를 막기 위해 AI 모델을 개발했다고 가정해 봅시다. 전체 고객 100명을 대상으로 테스트한 결과는 다음과 같습니다.

- 전체 고객 수는 100명입니다.
- 이 중 실제로 해지한 고객은 10명으로, 전체의 10%에 해당합니다.
- 모델이 '해지할 것'이라고 예측한 고객은 15명입니다.

이처럼 모델의 예측 결과와 실제 결과를 네 가지 경우로 나누어 정리한 표를 혼동 행렬이라고 합니다(Confusion Matrix). 이 혼동 행렬을 기준으로 예측 결과를 구분하면 다음과 같습니다.

- 모델이 해지할 것이라고 예측했고, 실제로도 해지한 고객은 8명이며, 이를 True Positive라고 합니다(TP).
- 모델이 해지할 것이라고 예측했지만, 실제로는 해지하지 않은 고객은 7명이며, 이를 False Positive라고 합니다(FP).
- 모델이 해지하지 않을 것이라고 예측했지만, 실제로는 해지한 고객은 2명이며, 이를 False Negative라고 합니다(FN).
- 모델이 해지하지 않을 것이라고 예측했고, 실제로도 해지하지 않은 고

객은 83명이며, 이를 True Negative라고 합니다(TN).

◆ 주요 성능 지표와 비즈니스 해석

위 데이터를 바탕으로 주요 지표를 계산하면, 숫자가 비즈니스 현장에서 어떤 의미를 갖는지 명확해집니다.

지표별 계산식과 비즈니스		
	계산식 및 값	비즈니스 의미 및 해석
정확도 (Accuracy)	(TP + TN) ÷ 전체 (8 + 83) ÷ 100 = 91%	• "전체 중 정답을 맞춘 비율" • [함정]: 91%라는 숫자는 매우 높아 보입니다. 하지만 실제 해지 고객이 10명뿐이기 때문에, AI가 아무것도 안 하고 모든 고객을 "해지 안 함"으로 찍어도 정확도는 90%가 나옵니다. • 데이터 불균형이 심할 때는 정확도만 믿어서는 안 됩니다.
정밀도 (Precision)	TP ÷ (TP + FP) 8 ÷ 15 = 53.3%	• "해지한다고 지목한 사람 중 진짜 해지한 비율" • [비용]: 수치가 낮다는 것은 AI가 "늑대가 나타났다!"고 자주 오탐(False Alarm)을 했다는 뜻입니다. • 이 경우 7명(FP)의 충성 고객에게 쓸데없이 해지 방어 쿠폰을 뿌리게 되어 마케팅 비용이 낭비됩니다.
재현율 (Recall)	TP ÷ (TP + FN) 8 ÷ 10 = 80%	• "실제 해지한 사람 중 AI가 찾아낸 비율" • [기회비용]: 80%면 준수해 보이지만, 여전히 2명(FN)의 이탈을 놓쳤습니다. • 만약 놓친 고객이 고가 요금제 VIP라면 매출 손실이 큽니다. 이탈을 막는 게 최우선이라면 재현율을 더 높여야 합니다.
F1 점수 (F1-Score)	조화 평균 ≒ 64.3%	• "정밀도와 재현율의 균형" • 정확도(91%)에 비해 현실적인 성능을 보여줍니다. 정밀도(비용 절감)와 재현율(매출 방어)이 모두 중요할 때 사용하는 가장 실무적인 지표입니다.

◆ 비즈니스 리스크에 따른 의사결정

결국 "어떤 지표를 최우선으로 볼 것인가?"는 경영진의 전략에 달려 있습니다.

- "마케팅 예산이 부족하다": 헛돈을 쓰면 안 되므로 정밀도(Precision)를 높여, 확실히 떠날 것 같은 사람에게만 혜택을 줍니다.
- "한 명이라도 놓치면 손해가 크다": VIP 고객 유지가 핵심이라면 재현율(Recall)을 높여, 의심 가는 고객은 일단 다 잡고 봅니다.
- "균형 잡힌 운영이 필요하다": F1-Score를 기준으로 모델의 전반적인 성능을 평가합니다.

[7단계] 최적화 및 시스템 통합(Optimization & Integration)

◆ 완성된 맛있는 요리(모델)를 손님 식탁까지
식지 않게 배달(배포)하기

검증 단계에서 90점 이상의 합격점을 받은 모델이라도, 바로 현업에 투입할 수는 없습니다. 연구실의 고성능 서버에서는 잘 돌아가던 모델이, 실제 현장에서는 너무 느리거나(Latency 문제), 운영 비용이 감당하기 힘들 정도로 비쌀 수 있기 때문입니다.

따라서 마지막 단계에서는 AI를 '다이어트' 시키고, 기존 업무 시스템과 '파이프라인'을 연결하는 작업이 필요합니다.

◆ 모델 경량화 및 최적화(Model Optimization)

AI 모델, 특히 최신 LLM이나 딥러닝 모델은 덩치가 매우 큽니다. 이를 그대로 서비스하면 고객이 질문하고 답변을 받기까지 5초, 10초가 걸릴 수 있습니다. 한국 사람들은 3초만 기다려도 뒤로 가기를 누릅니다.

- **양자화(Quantization)**: 모델의 몸무게를 줄이는 가장 대표적인 기술입니다. AI는 내부적으로 소수점 10~30자리까지의 정밀한 숫자(FP32)로 계산을 하는데, 이를 소수점 2~3자리(INT8, INT4)로 뭉뚱그려 계산하게 만드는 것입니다. 계산 정밀도는 약간 떨어지지만, 모델 용량은 1/4로 줄고 속도는 2~4배 빨라집니다. 실무에서는 성능 저하가 거의 느껴지지 않아 필수적으로 적용합니다.
- **지식 증류(Knowledge Distillation)**: '선생님 모델(Teacher)'이 배운 지식의 핵심만 요약해서 '학생 모델(Student)'에게 전수하는 기술입니다. 학생 모델은 선생님보다 훨씬 작지만, 특정 업무에서는 선생님만큼 똑똑하게 작동합니다.

이처럼 양자화와 지식 증류는 대규모 AI 모델을 실제 서비스에 적용 가능하도록 만드는 대표적인 '모델 최적화 기법'으로, 응답 속도와 비용, 사용자 경험을 동시에 개선하는 데 핵심적인 역할을 합니다.

◆ 시스템 통합(System Integration)

앞선 단계에서 AI 모델의 성능을 확보했다면, 이제 남은 과제는 이를 실제 업무 환경에 적용하는 일입니다. 이 단계는 모델을 더 똑똑하게 만드는 과정이 아니라, 기업의 시스템과 업무 흐름 속에서 AI가 안정적으로 작동하도록 만드는 단계입니다. 맞춤형 AI 개발에서 마지막 단계이자, 실무적으로는 가장 많은 조율이 필요한 단계이기도 합니다.

- **적용 대상 업무와 사용자 접점 정리**

  시스템 통합의 출발점은 AI를 어디에 적용할 것인지 명확히 하는 일입니다. 이미 검증된 모델이라 하더라도, 어떤 업무 흐름에서 사용될지, 누가 어떤 방식으로 AI의 결과를 확인할지 정해지지 않으면 실제 활용으로 이어지기 어렵습니다.

  이 단계에서는 웹 화면, 모바일 앱, 사내 메신저, 업무 시스템 화면 등 기존 사용자 접점을 기준으로 AI가 제공될 위치를 정리하고, 현업 사용자가 추가적인 학습 없이도 자연스럽게 사용할 수 있는 형태를 설계해야 합니다.

- **기존 업무 시스템과의 연계 구조 설계**

  다음 단계는 AI와 기존 시스템 간의 연계 구조를 정의하는 일입니다. 맞춤형 AI는 독립된 서비스로 동작하기보다는, ERP, MES, CRM, 그룹웨어 등 기존 업무 시스템의 흐름 속에서 호출되는 경우가 대부분입니다.

  이를 위해 AI 모델을 API 형태로 구성하고, 어떤 조건에서 호출되는지, 어떤 데이터를 입력으로 사용하며, 결과를 어디에 어떻게 반영할지를 구체적으로 설계해야 합니다. 이 과정에서는 기술적인 연동뿐 아니라, 사용자 권한과 업무 책임 범위까지 함께 고려해야 합니다.

- **데이터 흐름과 운영 환경 통합**

  시스템 통합 단계에서는 AI가 사용할 데이터의 흐름을 다시 점검해야 합니다. 학습 단계에서 사용한 데이터와 실제 운영 단계에서 사용하는 데이터는 성격이 다르며, 실시간 처리와 배치 처리 역시 명확히 구분되어야 합니다.

또한 AI 모델이 실제 서비스 환경에서 안정적으로 동작할 수 있도록 인프라 구성, 배포 방식, 성능 저하나 장애 발생 시 대응 방안까지 함께 고려해야 합니다. 이 단계는 단순한 데이터 연결이 아니라, AI 운영을 전제로 한 시스템 환경 정비에 가깝습니다.

- **보안, 권한, 운영 기준 정리**

  맞춤형 AI 역시 기존 IT 시스템과 동일한 보안과 운영 기준을 적용받아야 합니다. 누가 어떤 데이터를 기반으로 AI를 호출할 수 있는지, 결과는 어디까지 공유되는지, 문제가 발생했을 때 어떤 로그를 통해 추적이 가능한지 등을 명확히 해야 합니다.

  특히 생성형 AI의 경우, 잘못된 응답이나 데이터 노출 가능성에 대비해 사용 범위와 책임 구조를 사전에 정리해 두는 것이 중요합니다.

- **업무 프로세스 반영 및 정착**

  시스템 통합의 마지막은 AI를 실제 업무 프로세스에 반영하는 일입니다. AI의 판단 결과를 참고 정보로 사용할지, 자동 처리까지 허용할지, 사람의 검토 단계를 어디에 둘지 등을 정리하면서 기존 업무 절차를 일부 조정하게 됩니다.

  이 과정을 통해 AI는 단순한 실험 도구를 넘어, 반복 업무를 줄이고 의사결정을 지원하는 업무 시스템의 일부로 자리 잡게 됩니다.

◆ 안전한 배포 전략(Deployment Strategy)

AI 모델이 개발과 검증을 마쳤다고 해서, 곧바로 기존 시스템을 대체해 배포하는 것은 위험합니다. 실제 서비스 환경에서는 예기치 못한 오류나 성능 저하가 발생할 수 있기 때문에, 점진적으로 검증하며 적용하는 배포 전략이 필요합니다.

시스템을 오픈하는 날, 갑자기 AI가 먹통이 되거나 엉뚱한 답을 하면 대형 사고로 이어질 수 있습니다. 이를 막기 위해 여러 안전장치가 활용됩니다.

- **섀도우 배포(Shadow Deployment)**: 실제 고객에게는 기존 시스템의 결과를 보여주고, 뒤에서는 몰래(Shadow) AI 모델도 똑같이 돌려보는 방식입니다. AI가 잘 작동하는지 '그림자'처럼 따라다니며 검증한 뒤, 확신이 들면 그때 교체합니다.
- **카나리아 배포(Canary Deployment)**: 광산의 카나리아처럼, 전체 사용자의 1~5%에게만 먼저 새로운 AI 기능을 열어줍니다. 문제가 없으면 점차 10%, 50%, 100%로 확대합니다.

Writer's Tip "속도냐 비용이냐"의 딜레마 최적화 단계에서는 항상 트레이드오프(Trade-off)가 발생합니다. 응답 속도를 0.5초 더 줄이기 위해 고가의 GPU 장비를 더 투입할 것인지, 아니면 속도는 조금 느려도 저렴한 CPU 서버로 운영할 것인지 결정해야 합니다. 이때 기준은 사용자 경험(UX)입니다. 챗봇처럼 실시간 대화가 중요하다면 비용이 들어도 속도를 잡아야 하고, 밤새 돌려놓는 보고서 요약 업무라면 속도보다는 비용 효율을 택해야 합니다.

맞춤형 AI 배포 기준
: 어디서 어떻게 쓰일 것인가

▍만들어진 AI를 어디에, 어떻게 심을 것인가?

AI 모델 개발이 완료되었다면, 이제 이를 실제 업무 현장에 적용하는 배포(Deployment) 단계로 넘어갑니다. 배포란 연구실 환경에서 학습된 모델을 실제 시스템이나 사용자가 접근할 수 있는 운영 환경으로 옮겨, 예측 결과를 실시간으로 전달할 수 있게 만드는 과정을 말합니다. 모델의 성능이 아무리 뛰어나더라도, 이 단계에서 시스템과 안정적으로 연결되지 않는다면 실질적인 비즈니스 가치를 만들어낼 수 없습니다. 따라서 배포는 개발의 끝이 아니라, 비즈니스 적용의 시작점이라 할 수 있습니다.

본격적인 배포 방식을 결정하기에 앞서, 먼저 기술적인 운영 환경에 대한 전략적 의사결정이 선행되어야 합니다.

가장 먼저 고려할 것은 'AI가 언제 답을 줘야 하는가'에 따른 운영 방식입니다. 이는 크게 실시간 처리와 배치 처리로 나뉩니다. 실시간 처리는 사용자가 요청하는 즉시 밀리초 단위로 결과를 반환해야 하는 방식입니다. 챗봇이나 콜센터 상담 가이드, 혹은 찰나의 순간에 사기를 잡아내야 하는 이상거래탐지 등이 여기에 해당합니다. 이 방식은 빠른 응답 속도(Latency)가 생명이므로 고성능 GPU 서버와 모델 경량화 기술이 필수적이며, 주로 API 서버 형태로 구현됩니다.

반면, 즉각적인 응답이 필요 없다면 배치 처리(Batch Inference)를 선택할 수 있습니다. 익일 물류량을 예측하거나 월간 고객 이탈률을 분석하는 리포트처럼, 정해진 시간(매일 밤 혹은 주말)에 대량의 데이터를 한꺼번에 처리하는 방식입니다. 이때는 속도보다는 대용량 데이터를 멈춤 없이 처리하는 안정성이 더 중요합니다.

운영 방식이 정해졌다면, 다음은 '모델을 어디에 설치할 것인가'를 결정해야 합니다. 크게 클라우드와 온프레미스로 나뉩니다. AWS SageMaker나 Google Vertex AI 같은 플랫폼을 활용하는 클라우드 방식은 초기 구축 비용이 저렴하고, 트래픽이 몰릴 때 서버를 자동으로 늘려주는 오토스케일링(Auto-scaling) 기능이 뛰어납니다. 반면, 온프레미스는 회사 내부 전산실에 직접 서버를 구축하는 방식입니다. 초기 비용과 관리 부담은 있지만, 데이터가 회사 밖으로 나가지 않아 보안성이 가장 높습니다. 금융권이나 공공기관, 혹은 핵심 기술 유출을 꺼리는 제조 현장에서 주로 선호하는 방식입니다.

이러한 기술적 환경이 결정되었다면, 이제 "AI가 다른 시스템과 어떻게 연결되는가"를 기준으로 구체적인 배포 형태를 선택해야 합니다. 이는 향후 AI의 재사용성과 확장성을 결정짓는 중요한 전략이 됩니다.

온디바이스형: 기기 안에서 완결되는 자율형 AI

온디바이스형(On-Device Type)은 클라우드나 중앙 서버를 거치지 않고, 스마트폰, 태블릿, 키오스크, 공장 설비 등 단말기(Device) 내에서 AI가 완결적으로 구동되는 방식입니다. 최근 고성능 NPU(신경망처리장치)가 탑재된 'AI PC'나 'AI 스마트폰'이 등장하면서 가장 주목받고 있는 방식이기도 합니다.

이 방식의 핵심은 외부 네트워크 연결 없이 기기 자체의 컴퓨팅 파워만으로 데이터를 처리하고 추론한다는 점입니다. 데이터가 입력되면 기기 내부에 탑재된 모델(S-LLM 등)이 즉시 답을 내놓기 때문에 서버와 통신할 필요가 없습니다.

온디바이스형을 선택하는 이유는 명확합니다. 첫째는 보안(Security)입니다. 민감한 생체 정보나 공장의 핵심 설계도 같은 데이터가 기기 밖으로 한 발자국도 나가지 않으므로, 보안 유출 위험이 사실상 '0'에 가깝습니다. 둘째는 초저지연(Low Latency)입니다. 서버를 왕복하는 시간이 없으므로 즉각적인 반응이 가능합니다. 이는 0.1초의 지연도 사고로 이어질 수 있는 자율주행 로봇이나, 빠르게 지나가는 컨베이어 벨트 위의 불량품을 선별하는 공정에 필수적입니다. 셋째는 비용 절감입니다. 값비싼 클라우드 GPU 비용이나 API 사용료(Token 비용)가 발생하지 않아 운영비를 획기적으로 줄일 수 있습니다.

다만, 고려해야 할 점도 있습니다. 모바일 기기나 설비는 고성능 서버에 비해 메모리나 배터리 성능에 한계가 있습니다. 따라서 모델의 성능은 최대한 유지하면서 크기를 줄이는 양자화(Quantization) 등의 최적화 기술이 반드시 수반되어야 합니다. 또한, 한번 배포된 모델을 업데이트하려면 마치 스마트폰 펌웨어를 패치하듯 수만 대의 기기를 각각 업데이트해야 하는 관리상의 어려움이 따를 수 있습니다.

내부 연동형: 사내 업무 시스템에 내장된 AI

내부 연동형은 직원이 매일 사용하는 ERP, CRM, 그룹웨어, 사내 메신저 등의 업무 시스템 내부에 AI 모델을 하나의 기능으로 탑재하는 방식입니다. 직원은 별도의 AI 프로그램을 실행하거나 로그인할 필요 없이, 평소 업무를 하던 화면에서 자연스럽게 AI의 지원을 받을 수 있습니다. 이는 AI를 새로운 도구가 아니라, 기존 업무를 돕는 강력한 '플러그인'처럼 활용하는 전략입니다.

이 방식을 채택할 때 가장 중요하게 결정해야 할 것은 AI의 '실행 시점'입니다. 사용자의 개입 없이 시스템이 알아서 AI를 호출하는지, 아니면 사용자가 원할 때만 호출하는지에 따라 '자동 실행형'과 '선택 실행형'으로 나뉘며, 이는 운영 비용과 시스템 부하에 결정적인 영향을 미칩니다.

먼저 '자동 실행형'은 사용자가 특정 화면에 진입하거나 데이터를 저장하는 등의 이벤트가 발생하면, 시스템이 백그라운드에서 즉시 AI를 호출하여 결과를 보여주는 방식입니다. 예를 들어, 상담원이 고객 정보를 조회하는 순간 화면 우측에 해당 고객의 '이탈 위험도'와 '추천

　　• • •우리 회사 AI 전환, 어떻게 시작할까?

상품'이 자동으로 표시되는 식입니다. 이 방식은 사용자가 깜빡 잊고 AI를 활용하지 않는 실수를 방지할 수 있어, 이상 징후 탐지나 규정 위반 점검과 같이 반드시 거쳐야 하는 업무에 적합합니다. 다만, 모든 트랜잭션마다 AI가 실행되므로 서버 부하가 크고 운영 비용이 많이 든다는 단점이 있습니다. 또한, 너무 잦은 알림은 사용자에게 피로감을 줄 수 있으므로 주의해야 합니다.

반면 '선택 실행형'은 사용자가 필요성을 느낄 때 버튼을 클릭하여 AI를 호출하는 방식입니다. 이메일 작성 도중 AI로 문장 다듬기 버튼을 누르거나, 복잡한 문서를 보다가 요약하기 버튼을 누르는 것이 대표적입니다. 이 방식은 사용자가 꼭 필요할 때만 AI 자원을 사용하므로 자동 실행형에 비해 운영 비용을 절감할 수 있다는 큰 장점이 있습니다. 사용자가 주도권을 가지므로 거부감도 적습니다. 하지만 직원이 버튼 누르는 것을 귀찮아하거나 기능의 존재를 잊어버리면, 막대한 비용을 들여 구축한 AI가 무용지물이 될 위험도 존재합니다. 따라서 선택 실행형을 도입할 때는 지속적인 사용 독려와 교육이 필수적입니다.

결국 운영 관점에서 보면, 자동 실행형은 높고 일정한 트래픽이 발생하므로 이에 맞는 충분한 GPU 자원을 상시 확보해야 합니다. 반면 선택 실행형은 사용자가 몰리는 업무 시간에만 트래픽이 폭증할 수 있으므로, 탄력적으로 서버를 늘리고 줄이는 오토스케일링 전략이 중요합니다. 경영진과 기획자는 업무의 중요도와 예산 상황을 고려하여,

우리 시스템에 어떤 방식이 적합한지 신중하게 선택해야 합니다.

서비스형: 전사가 공유하는 공통 AI

서비스형은 AI 모델을 특정 업무 시스템에 종속시키지 않고, 독립적인 서버에 구축한 뒤 표준화된 API 형태로 개방하는 방식입니다. 쉽게 말해, AI를 하나의 '독립된 두뇌 센터'로 만들고, 사내의 모든 애플리케이션이나 웹사이트가 필요할 때마다 이 센터에 신호(Request)를 보내 답(Response)을 받아가는 구조입니다.

내부 연동형이 특정 부서나 시스템만을 위해 꽉 맞물려 돌아가는 '강결합(Tight Coupling)' 방식이라면, 서비스형은 느슨하게 연결된 '약결합(Loose Coupling)' 방식을 지향합니다. 이 접근법의 가장 큰 장점은 '하나의 모델로 다양한 업무를 동시에 지원(One Model, Multi Use)'할 수 있다는 확장성입니다.

예를 들어, 회사가 고성능의 '번역 AI'를 개발했다고 가정해 봅시다. 만약 이를 내부 연동형으로 배포한다면, 사내 메신저팀, 이메일 시스템팀, 전자결재팀이 각자 AI 모델을 가져다가 자신들의 시스템에 심어야 합니다. 중복 투자가 발생하고 관리도 복잡해집니다. 하지만 서비스형으로 배포하면, AI 팀은 중앙 서버에 번역 모델을 하나만 띄워두고 API 주소만 공개하면 됩니다. 그러면 메신저에서는 채팅 번역을 위해, 이메일에서는 해외 바이어 메일 독해를 위해, 전자결재에서는 영문 계약서 검토를 위해 이 하나의 API를 동시에 호출하여 사용하게 됩니다.

    • • 우리 회사 AI 전환, 어떻게 시작할까?

유지보수 측면에서도 압도적으로 유리합니다. AI 모델의 성능을 업그레이드해야 할 때, 내부 연동형은 각 시스템 담당자들이 일일이 코드를 수정하고 배포해야 하지만, 서비스형은 중앙 서버의 모델만 교체하면 됩니다. 그러면 이 API를 사용하는 전사의 모든 시스템 성능이 그 즉시 향상됩니다. 따라서 전사적으로 공통되게 쓰이는 기능, 예를 들어 사내 용어 검색, 문서 요약, 다국어 번역, 공통 추천 엔진 등은 서비스형으로 구축하는 것이 가장 효율적입니다.

물론 주의할 점도 있습니다. 수많은 시스템이 동시에 API를 호출하기 때문에 트래픽이 한곳으로 몰릴 수 있습니다. 따라서 API 게이트웨이를 통해 호출 권한을 제어하고, 트래픽 폭주 시 대기열을 관리하는 등 안정적인 운영 체계를 갖춰야 합니다. 또한, 네트워크가 끊기면 전사의 AI 기능이 동시에 마비될 수 있으므로, 서버 이중화와 같은 비상 대책이 필수적으로 수반되어야 합니다.

결국 서비스형은 초기 구축 난이도는 조금 높을 수 있어도, 장기적으로 기업의 'AI 인프라'를 자산화하고 유연하게 확장하는 데 있어 가장 이상적인 배포 방식이라 할 수 있습니다.

구분	온디바이스형	내부 연동형	서비스형
핵심 컨셉	독립된 섬(Island) "혼자서 완결적으로 구동"	전용 부속품(Plugin) "특정 시스템에 내장됨"	공용 발전소(Hub) "모두가 끌어다 씀"
구동 위치	사용자 단말기 (스마트폰, 공장 설비 등)	기존 업무 시스템 서버 (ERP, CRM, 그룹웨어 등)	독립된 AI 중앙 서버 (클라우드 또는 온프레미스)
네트워크	불필요(Offline) 보안성이 가장 높음	필요(Intranet) 내부망에서 주로 연결	필요(Internet/ Intranet) API 통신 필수
연결 구조	고립(Isolated) 외부와 차단됨	강결합(Tight Coupling) 특정 시스템에 종속됨	약결합(Loose Coupling) 표준 인터페이스로 연결됨
확장성 (재사용성)	낮음 기기마다 개별 배포 필요	낮음 타 시스템에서 사용 불가	매우 높음(MSA 구조) 하나의 모델을 전사 공유
주요 장점	• 데이터 유출 원천 차단 • 지연 없는 실시간 반응	• 최적의 사용자 경험 (UX) • 별도 로그인/이동 불필요	• 중복 개발 방지 (비용 절감) • 유지보수 및 업그레이드 용이
추천 사례	• 공장 자동화 센서 • 보안 구역 내 태블릿 • 자율주행 로봇	• 상담 시스템 내 이탈 경고 • 메신저 내 자동 응답 • 결재 시스템 내 규정 점검	• 사내 공용 번역기 • 전사 문서 검색 엔진 •이미지 인식/OCR API

맞춤형 AI의 지속적 개선
: 끝나는 AI 프로젝트는 없다

"AI 모델은 배포되는 순간부터 늙기 시작합니다."

많은 기업이 AI 구축 프로젝트의 테이프 커팅식을 끝으로 모든 작업이 완료되었다고 생각합니다. 하지만 이는 큰 착각입니다. 일반적인 소프트웨어는 버그가 없다면 1년 뒤에도 똑같이 작동하지만, AI 모델은 시간이 지남에 따라 점차 성능이 저하되는 특성을 가집니다. 세상은 변하고, 사람들의 행동 패턴도 변하기 때문입니다.

따라서 배포가 '끝'이 아니라, 지속적인 관리의 '시작'이라는 마인드셋 전환이 필요합니다. 성공적인 AI 운영을 위해 반드시 챙겨야 할 5가지 핵심 요소를 살펴보겠습니다.

모니터링: 침묵하는 AI 감시하기

서버가 다운되면 바로 알 수 있지만, AI가 멍청해지는 것은 즉시 알아채기 어렵습니다. AI는 틀린 답도 아주 당당하게 내놓기 때문입니다. 따라서 두 가지 측면의 모니터링이 필수적입니다.

- **시스템 상태 모니터링(System Health Monitoring)**: 서버가 살아있는지, 응답 속도(Latency)가 너무 느려지지는 않았는지, 에러율이 치솟지는 않는지 등 기본적인 IT 인프라 상태를 점검합니다.
- **시스템 성능 모니터링(System Performance Monitoring)**: 배포 초기 90%였던 정확도가 80%, 70%로 떨어지는지 추적해야 합니다. 예측 결과가 한쪽으로 쏠리거나(예: 모든 고객을 '정상'으로 판정), 결과값의 분포가 이상하게 변하는지 실시간으로 감시해야 합니다.

드리프트(Drift) 대응: 변화에 적응하기

AI 성능이 떨어지는 가장 주된 이유는 '데이터 드리프트(Data Drift)'와 '컨셉 드리프트(Concept Drift)' 때문입니다.

- **데이터 드리프트**: 입력 데이터의 특성이 변하는 것입니다. 예를 들어, 20대 위주의 쇼핑몰에 갑자기 50대 고객이 유입되면, 20대 데이터로만 학습한 AI는 50대 고객의 행동을 전혀 예측하지 못합니다.
- **컨셉 드리프트**: 데이터와 정답 간의 관계(패턴)가 변하는 것입니다. 가장 대표적인 사례가 코로나19입니다. 코로나 이전의 소비 패턴 데이터로는 팬데믹 상황의 소비를 예측할 수 없습니다. 세상의 규칙이 바뀌었기 때문입니다.

운영팀은 이러한 변화를 감지하는 즉시 경보를 울리고, 최신 데이터를 반영한 재학습 계획을 수립해야 합니다.

지속적 개선 파이프라인 (CI/CD & CT)

지속적 개선 파이프라인은 소프트웨어 개발에서 널리 사용되는 CI/CD 개념을 AI 운영에 확장한 구조입니다. 여기서 CI(Continuous Integration)는 데이터와 코드, 모델 변경 사항을 지속적으로 통합·검증하는 과정을 의미하며, CD(Continuous Deployment)는 검증된 모델을 운영 환경에 자동으로 배포하는 체계를 말합니다. 여기에 CT(Continuous Training)를 더해, 운영 중 축적되는 데이터를 바탕으로 모델을 지속적으로 재학습·고도화하는 것이 AI 파이프라인의 핵심입니다.

모델을 한 번 만들고 방치하는 것이 아니라, 주기적으로 업데이트하는 자동화된 파이프라인을 구축해야 합니다.

- **자동 재학습(Automated Retraining):** 매월 또는 매주 새로운 데이터가 쌓이면, 시스템이 자동으로 이를 학습하여 모델을 업데이트하도록 설정합니다. 매번 사람이 수동으로 학습시키면 실수가 발생하고 운영 비용이 증가합니다.

- **버전 관리 및 롤백(Versioning & Rollback):** 모델을 업데이트했는데 오히려 성능이 떨어질 수 있습니다. 이때 즉시 이전 버전(v1.0)으로 되돌릴 수 있는 '롤백' 기능이 준비되어 있어야 합니다. AI 모델도 소프트웨어처럼 v1.0, v1.1, v1.2로 철저히 버전을 관리해야 합니다.

- **A/B 테스트:** 새로운 모델(v1.2)을 전체 고객에게 바로 적용하는 것은 위험합니다. 전체 트래픽의 5% 정도만 새 모델로 처리해 보고, 성능이 검증되었을 때 점진적으로 확대하는 전략이 안전합니다.

피드백 루프(Feedback Loop)
: 사용자에게서 배우는 AI

기업에서 운영되는 AI는 개발이 완료되는 순간부터 성능이 저하되기 시작합니다. 시장 환경은 변하고, 고객의 행동 패턴은 달라지며, 정책과 규제도 지속적으로 수정되기 때문입니다. 따라서 AI를 한 번 만들고 끝내는 방식으로는 실제 업무 현장에서 신뢰받는 시스템을 유지할 수 없습니다.

운영 단계의 AI가 지속적으로 가치를 창출하기 위해서는 현장에서 발생하는 판단과 수정의 흔적을 다시 학습에 반영하는 피드백 루프(Feedback Loop)를 반드시 구축해야 합니다.

가장 좋은 학습 데이터는 실험실이나 데이터 레이크가 아니라, 현장에서 실제로 AI를 사용하는 사람들의 판단 속에 존재합니다. 상담사, 심사 담당자, 현업 실무자는 AI의 결과를 그대로 따르기도 하지만, 때로는 "이 결과는 현장 상황과 맞지 않는다"고 판단하여 직접 수정합니다. 이러한 인간의 개입은 단순한 예외 처리나 오류 보정이 아니라, AI가 스스로 학습할 수 없었던 맥락(Context)을 담고 있는 고품질 데이터입니다.

◆ 명시적 피드백(Explicit Feedback)의 구조화

피드백 루프의 첫 단계는 명시적인 피드백을 받을 수 있는 인터페이스를 설계하는 것입니다. 예를 들어 상담사 화면에 "이 예측이 도움이 되었나요? (좋아요 / 싫어요)"와 같은 간단한 버튼을 제공할 수 있습니다. 이처럼 입력 부담이 낮은 피드백은 현업의 저항을 최소화하면서도, AI의 결과 품질을 정량적으로 추적할 수 있는 기반이 됩니다.

더 나아가, 단순한 평가를 넘어 결과 수정 기능을 제공하는 것이 중요합니다. 상담사가 "이 고객은 해지 위험이 없는데 고위험으로 분류되었다"고 판단하여 직접 등급을 수정하는 경우, 이 수정 정보는 매우 가치 있는 데이터가 됩니다. 이는 단순한 예측 실패가 아니라, AI의 판단 기준이 실제 비즈니스 판단과 어디에서 어긋나는지를 명확히 보여주는 사례이기 때문입니다.

이러한 현장 수정 데이터는 흔히 'Golden Data'라고 불리며, 다음 재학습 시 모델의 오류를 교정하는 데 핵심적인 역할을 합니다. 특히 동일한 유형의 수정이 반복적으로 발생한다면, 이는 모델 구조나 학습 데이터 자체에 구조적인 문제가 있음을 의미합니다.

◆ 피드백 데이터의 선별과 품질 관리

모든 피드백이 동일한 가치를 가지는 것은 아닙니다. 따라서 피드백 루프를 설계할 때는 누가, 어떤 상황에서, 어떤 방식으로 제공한 피드백인지를 함께 관리해야 합니다. 예를 들어 숙련된 상담사의 수정과 신입 상담사의 수정은 동일한 가중치로 취급해서는 안 될 수 있습니다. 또한 단발성 의견인지, 반복적으로 발생하는 패턴인지를 구분하는 것도 중요합니다.

기업 차원의 피드백 루프는 단순한 '의견 수집'이 아니라, 운영 데이터 파이프라인의 일부로 설계되어야 합니다. 즉, 피드백 데이터는 로그로 저장되고, 검증 과정을 거친 후, 일정 주기 또는 조건에 따라 모델 재학습이나 룰 보정에 반영되는 체계를 가져야 합니다. 이를 통해 AI는 현장의 판단을 점진적으로 내재화하며, 인간과의 협업 수준을 높여 나가게 됩니다.

◆ 자동화와 인간 판단의 균형

피드백 루프의 목적은 인간의 판단을 완전히 제거하는 것이 아닙니다. 오히려 인간이 개입해야 할 지점을 점점 줄여 나가는 것에 가깝습니다. 초기에는 많은 수정과 피드백이 필요하지만, 시간이 지날수록 AI의 판단 정확도가 높아지고, 현업의 개입 빈도는 감소하게 됩니다. 이 과정 자체가 AI 성숙도의 지표가 됩니다.

중요한 점은, 이러한 선순환 구조가 없다면 AI는 언제까지나 "참고용 도구"에 머무를 수밖에 없다는 사실입니다. 반대로, 피드백 루프가 잘 설계된 AI는 현장의 신뢰를 기반으로 점차 업무 의사결정의 핵심 파트너로 자리 잡게 됩니다.

결국 피드백 루프는 단순한 기능이 아니라, 기업이 AI를 '도입'하는 수준을 넘어 '함께 일하게 만드는' 핵심 운영 메커니즘입니다. AI 전환(AX)의 성패는 모델의 성능 수치보다도, 이와 같은 학습 선순환 구조를 얼마나 체계적으로 설계하고 운영하느냐에 달려 있다고 볼 수 있습니다.

보안 및 설명 가능성(Security & Explainable AI)

기업의 AI는 연구나 시범 프로젝트 단계를 넘어 실제 업무에 투입되는 순간, 기술의 문제가 아니라 책임의 문제가 됩니다. 특히 금융, 유통, 통신, 제조, 건설과 같이 실제 고객 정보와 의사결정이 연결되는 환경에서는 AI의 판단 하나하나가 법적·윤리적 책임으로 이어질 수 있습니다. 따라서 AI 전환(AX)에서 보안과 설명 가능성은 선택 사항이 아니라 운영을 가능하게 하는 전제 조건입니다.

◆ 운영 환경에서의 보안: 데이터가 곧 책임입니다

운영 중인 AI는 '진짜 고객 데이터'를 다룹니다. 이 데이터에는 개인정보, 거래 이력, 위치 정보, 신용 정보 등 민감한 요소가 포함될 수 있으며, 유출이나 오·남용 시 기업은 심각한 법적·평판적 리스크를 부담하게 됩니다. 따라서 AI 시스템의 보안은 모델 자체보다도 데이터 흐름 전반에 대한 통제에서 출발해야 합니다.

첫째, 데이터 암호화는 기본 요건입니다. 저장 시 암호화와 전송 시 암호화는 물론, 학습 및 추론 과정에서 사용되는 데이터에 대해서도 보안 수준을 명확히 정의해야 합니다. 둘째, 접근 통제가 중요합니다. 누가, 언제, 어떤 목적으로 데이터를 조회했는지를 명확히 추적할 수 있도록 접근 로그를 체계적으로 관리해야 합니다. 이는 사고 발생 시 원인 분석을 위한 수단일 뿐 아니라, 사전 억제 효과를 가지는 관리 장치이기도 합니다.

또한 기업은 개인정보보호법, GDPR 등 관련 법·규제뿐 아니라, 국내외 감독기관(KISA 등)의 가이드라인을 고려한 컴플라이언스 기반의 AI 운영 체계를 구축해야 합니다. 이때 중요한 점은, 보안과 규제가 AI 활용을 막는 장애물이 아니라, 지속 가능한 활용을 가능하게 하는 안전장치라는 인식 전환입니다.

◆ 생성형 AI와 외부 모델 사용 시의 보안 고려

최근 많은 기업이 생성형 AI를 API 형태로 도입하고 있습니다. 이 경우 모델을 직접 학습하지 않더라도, 입력 데이터와 출력 결과에 대한 책임은 전적으로 기업에 귀속됩니다. 외부 모델을 사용한다고 해서 보안 책임이 외주화되는 것은 아닙니다.

따라서 어떤 데이터가 외부로 전달되는지, 로그가 어디에 저장되는지, 재학습에 활용되는지 여부를 명확히 파악하고 통제해야 합니다. 필요에 따라 민감 정보는 사전에 비식별화하거나, 사내 전용 모델과 외부 모델을 분리하는 이중 구조를 설계하는 것도 현실적인 대안이 될 수 있습니다.

◆ 설명 가능성(XAI): "AI가 시켰다"는 답은 허용되지 않습니다

AI가 업무 의사결정에 관여하는 순간, 그 판단에 대한 설명 요구는 필연적으로 발생합니다. 대출이 거절되었을 때, 보험료가 인상되었을 때, 특정 고객이 고위험군으로 분류되었을 때 고객은 묻습니다. "왜 이런 결정이 내려졌습니까?"

이때 기업은 "AI가 그렇게 판단했습니다"라고 답할 수 없습니다. 이는 책임 회피로 받아들여질 뿐 아니라, 법적 분쟁 시 기업에 불리하게 작용할 가능성이 큽니다. 따라서 운영 단계의 AI는 반드시 판단의 근거를 사람의 언어로 설명할 수 있는 능력, 즉 설명 가능성을 갖추어야 합니다.

예를 들어, "연체 이력이 존재하고, 소득 대비 부채 비율이 기준치를 초과하여 대출이 제한되었습니다"와 같이 주요 판단 요인을 명확히 제시할 수 있어야 합니다. 이 설명은 고객을 설득하기 위한 수단일 뿐 아니라, 내부적으로는 AI 판단을 검증하고 개선하는 중요한 단서가 됩니다.

◆ 성능과 설명 가능성의 트레이드오프

현실적으로 모든 AI 모델이 완전한 설명 가능성을 제공할 수는 없습니다. 일반적으로 예측 성능이 높은 모델일수록 내부 구조가 복잡해지고, 설명은 어려워집니다. 반대로 설명이 쉬운 모델은 성능에서 한계를 가질 수 있습니다. 따라서 XAI는 기술의 문제가 아니라 설계와 선택의 문제입니다.

기업은 모든 영역에 동일한 수준의 설명 가능성을 요구하기보다는, 업무 중요도와 리스크 수준에 따라 설명 가능성의 수준을 차등 적용해야 합니다. 고객 권리와 직접 연결되는 영역일수록 높은 설명 가능성을 요구하고, 내부 참고용 분석 영역에서는 성능을 우선할 수 있습니다. 이와 같은 판단 기준이 없다면, AI 도입은 과도한 규제로 인해

지연되거나, 반대로 통제 불능 상태로 운영될 위험이 있습니다.

보안과 설명 가능성은 AI의 성능을 보완하는 부가 기능이 아닙니다. 이는 AI를 실제 비즈니스에 투입할 수 있게 만드는 운영의 전제 조건이며, 동시에 기업의 신뢰를 지키는 마지막 방어선입니다. 피드백 루프가 AI를 점점 더 똑똑하게 만든다면, 보안과 XAI는 그 AI가 안전하고 책임 있게 일하도록 만드는 장치라고 할 수 있습니다.

AI 전환(AX)은 더 뛰어난 모델을 도입하는 경쟁이 아니라, 책임질 수 있는 AI를 운영하는 역량의 경쟁입니다. 이 관점을 놓치지 않는 것이, 기업이 AI를 장기적인 성장 동력으로 삼기 위한 핵심 조건입니다.

　　　• • 우리 회사 AI 전환, 어떻게 시작할까?

제6장

솔루션 내장형 AI의 활용

이미 당신의 책상 위에 와 있는 AI

최근 몇 년 사이 AI는 비즈니스 세계의 가장 뜨거운 화두가 되었습니다. 뉴스에서는 매일같이 세상을 바꿀 기술이라며 AI를 떠들썩하게 다룹니다. 하지만 정작 사무실 책상 앞에 앉은 직장인들에게 AI는 여전히 멀고 낯선 존재로 느껴지곤 합니다. "우리 회사도 AI를 해야 한다는데, 도대체 어디서부터 시작해야 하지?"라는 막막함이 앞서기 때문입니다.

그런데 사실, AI는 이미 여러분의 책상 위에, 매일 사용하는 모니터 화면 속에 들어와 있을지도 모릅니다. 우리가 매일 쓰는 엑셀, 이메일, 메신저, 그리고 ERP 시스템이 최근 업데이트를 통해 조용히, 하지만 강력한 AI 기능을 탑재하기 시작했기 때문입니다. 이것이 바로 이번 장에서 다룰 솔루션 내장형 AI(Solution-Embedded AI)입니다.

솔루션 내장형 AI란 무엇인가

솔루션 내장형 AI는 이름 그대로 우리가 이미 사용하고 있는 소프트웨어 솔루션 안에 인공지능 기능이 내장된 형태를 말합니다.

과거에는 데이터를 분석하거나 예측하기 위해 별도의 AI 프로그램을 비싼 돈을 들여 구매하거나, 전문가를 고용해 직접 개발해야 했습니다. 하지만 이제는 그럴 필요가 없습니다.

여러분이 매일 쓰는 마이크로소프트 워드나 엑셀, 디자이너가 쓰는 포토샵, 영업팀이 쓰는 세일즈포스(Salesforce) 같은 도구 안에 AI 버튼이 생겼기 때문입니다. 사용자는 그저 평소처럼 프로그램을 켜고, 필요한 순간에 AI에게 도움을 요청하기만 하면 됩니다.

쉽게 비유하자면, 기존의 AI 구축이 내 몸에 딱 맞는 맞춤 정장을 짓기 위해 원단을 고르고 치수를 재는 과정이었다면, 솔루션 내장형 AI는 백화점에서 잘 만들어진 기성복을 사 입는 것과 같습니다. 혹은 자동차에 자율주행 옵션이 추가된 것에 비유할 수도 있습니다. 차를 새로 만드는 것이 아니라, 타던 차의 소프트웨어가 업데이트되면서 운전이 훨씬 편해지는 경험과 같습니다.

왜 솔루션에 AI가 들어가기 시작했나

이러한 변화는 왜 일어났을까요? 가장 큰 이유는 기업들이 AI를 배우는 속도보다 기술이 발전하는 속도가 훨씬 빨랐기 때문입니다. 딥러닝 기술이 상용화되면서 많은 기업이 AI 도입을 시도했지만, 전문 인력 부족과 복잡한 개발 과정이라는 벽에 부딪혔습니다.

이때 글로벌 소프트웨어 기업들은 기회를 포착했습니다. "고객들이 어렵게 AI를 배우게 하지 말고, 우리가 만든 도구 안에 AI를 넣어서 주자"라는 발상입니다. 어도비(Adobe)는 포토샵 안에 이미지를 생성해주는 AI를 넣었고, 마이크로소프트는 오피스 프로그램 안에 문서를 작성해주는 코파일럿(Copilot)을 넣었습니다.

시장 경쟁도 불을 지폈습니다. 경쟁사의 소프트웨어에 똑똑한 AI 기능이 탑재되기 시작하자, 다른 기업들도 고객을 뺏기지 않기 위해 앞다퉈 AI 기능을 자사 제품의 핵심 경쟁력으로 내세우기 시작했습니다. 이제 소프트웨어 시장에서 AI는 있으면 좋은 기능(Nice to have)이 아니라, 없으면 팔리지 않는 필수 기능(Must have)이 되었습니다.

새로 배우지 않아도 되는 AI

솔루션 내장형 AI의 가장 큰 매력은 사용자가 새로운 도구를 배울 필요가 없다는 점입니다. AI를 쓰기 위해 복잡한 코딩을 배우거나 새로운 프로그램 사용법을 익힐 필요가 없습니다. 익숙한 엑셀 화면에서, 늘 쓰던 이메일 창에서 버튼 하나만 누르면 됩니다.

이것은 기업 입장에서 AI 도입의 가장 큰 장벽인 직원들의 심리적 거부감과 학습 비용을 획기적으로 낮춰줍니다. "AI를 도입하자"고 거창하게 선언할 필요도 없습니다. 그저 "이번에 엑셀이 업데이트됐는데, 이 버튼 한번 눌러보세요"라고 말하면 충분합니다.

결국 솔루션 내장형 AI는 기업이 가장 빠르고 안전하게 AI 전환(AX)을 시작할 수 있는 출발점입니다. 거창한 시스템을 구축하지 않아도, 오늘 당장 우리의 업무 방식을 혁신할 수 있는 도구가 이미 여러분의 손끝에 준비되어 있습니다.

비서가 된 소프트웨어

지금까지 우리가 사용해 온 소프트웨어는 충실한 '하인'이었습니다. 엑셀은 우리가 수식을 입력해야만 계산했고, 포토샵은 우리가 마우스를 움직여야만 선을 그었습니다. 그들은 시키지 않은 일을 스스로 하는 법이 없었습니다. 하지만 솔루션 내장형 AI가 탑재된 소프트웨어는 다릅니다. 이제 도구들은 단순한 기능 수행을 넘어, 사용자의 의도를 파악하고 먼저 제안하는 '비서'가 되었습니다. 이 변화는 업무 현장에서 다음과 같은 5가지의 구체적인 특징으로 나타납니다.

▌'방문'하지 않아도 된다(Zero Friction)

가장 큰 변화는 접근 방식입니다. ChatGPT를 쓰려면 웹사이트에 접속해 로그인을 해야 합니다. 하지만 솔루션 내장형 AI는 별도의 '방문'이 필요 없습니다. 여러분이 보고서를 쓰다가 막히는 순간, 워드(Word) 화면 한구석에서 코파일럿 아이콘이 반짝입니다. 고객에게 보낼 이메일을 쓰다가 주저하면, 지메일(Gmail)이 문장 끝을 흐릿하게 보여주며 자동 완성을 제안합니다. 사용자가 AI를 찾아가는 것이 아니라, AI가 사용자의 업무 흐름(Workflow) 속으로 들어와 있습니다. 덕분에 사용자는 새로운 도구 사용법을 익히느라 끙끙댈 필요 없이, 하던 일을 멈추지 않고 자연스럽게 AI의 도움을 받게 됩니다.

맥락을 읽고 먼저 움직인다(Context Awareness)

기존 AI가 "질문하면 답하는" 구조였다면, 내장형 AI는 "상황을 보고 끼어드는" 구조입니다. 예를 들어, Adobe의 생성형 AI는 이미지의 색감, 조명, 주변 오브젝트의 배치 등 전체적인 맥락을 먼저 분석한 뒤, 사용자가 선택한 빈 영역에 어울리는 배경이나 요소를 생성합니다. 단순히 빈 공간을 채우는 것이 아니라, 기존 이미지의 분위기와 자연스럽게 이어지도록 맥락을 고려해 결과를 제안한다는 점이 특징입니다.

AutoCAD에서도 유사한 흐름을 볼 수 있습니다. Markup Assist 기능은 설계자가 종이나 PDF에 남긴 손글씨 메모, 기호, 수정 지시를 단순한 이미지가 아니라 '의미 있는 설계 맥락'으로 해석합니다. AI는 해당 표시가 선인지, 문자 수정인지, 치수 변경 요청인지를 구분해 이해한 뒤, 이를 실제 CAD 도면 요소로 자동 변환합니다. 즉, 사용자의 의도를 먼저 읽고, 그 의도에 맞는 작업을 수행하는 방식입니다.

단순히 명령을 기다리는 것이 아니라, 사용자가 지금 무엇을 하고 있는지, 어떤 데이터를 보고 있는지를 이해하고(Context), 필요한 순간에 가장 적절한 기능을 먼저 제시합니다. 이것이 바로 도구가 '생각한다'고 느껴지는 이유입니다.

설치가 필요 없는 혁신(SaaS Scalability)

과거에 기업용 AI 시스템을 도입하려면 고가의 서버를 사고, 프로그램을 설치하고, 안정화하는 데 몇 달이 걸렸습니다. 하지만 솔루션 내장형 AI는 대부분 클라우드 기반으로 제공됩니다.

어느 날 아침 출근해서 컴퓨터를 켰는데, 엑셀 메뉴에 '데이터 분석' 버튼이 새로 생겨 있는 식입니다. 기업은 업데이트 버튼 하나로 전 직원에게 최신 AI 기능을 배포할 수 있습니다. 중소기업이나 비전문가 조직도 복잡한 인프라 구축 없이 대기업과 동일한 수준의 AI 기술을 즉시 활용할 수 있게 된 것입니다. 이는 AI 기술의 진정한 '민주화'라고 볼 수 있습니다.

범용성을 넘어선 '직무별 전문가'(Specialized Expertise)

생성형 AI가 범용적인 사고와 표현에 강한 도구라면, 솔루션 내장형 AI는 특정 직무에 특화된 전문가에 가깝습니다. 세일즈포스의 AI는 영업 데이터를 분석해 고객 이탈 가능성과 우선 관리 대상을 제시하며, 조직 내에서 '영업 이사'가 수행하던 판단을 보조합니다. 지멘스의 산업용 AI는 설계와 시뮬레이션 결과를 기반으로 구조적 문제나 성능 저하 가능성을 사전에 점검하는 '수석 엔지니어' 역할을 합니다. SAP의 AI는 방대한 전표와 거래 데이터를 분석해 비정상적인 패턴을 찾아내고, 재무 리스크를 조기에 경고하는 '감사팀장'에 해당하는 역할을 수행합니다.

이들 AI는 시를 쓰거나 자유로운 대화를 나누는 데에는 적합하지 않지만, 자신이 맡은 직무 영역에서는 인간 전문가의 판단을 체계적으로 지원하며, 반복적이고 데이터 집약적인 분석 업무에서는 더 높은 일관성과 효율을 보여 줍니다.

쓸수록 나를 닮아간다(Personalization)

마지막 특징은 '쓸수록 나를 닮아간다'는 점입니다. 솔루션 내장형 AI는 사용자의 일을 옆에서 지켜보며, 어떤 선택을 반복하는지, 어떤 방식을 선호하는지를 점점 더 잘 반영하게 됩니다. 예를 들어 노션의 AI는 사용 중인 문서의 구조와 이전에 작성한 내용을 참고해, 내가 자주 쓰는 문체와 형식에 가까운 초안을 제안합니다. 처음에는 다소 어색할 수 있지만, 사용할수록 "이 정도면 바로 다듬어 쓸 수 있겠다"는 결과가 늘어납니다.

개발자가 사용하는 코딩 도구도 마찬가지입니다. 팀의 기존 코드와 규칙을 기준으로 코드를 제안하다 보니, 신입 사원이 들어와도 팀 스타일에서 크게 벗어나지 않는 결과물을 만들 수 있습니다. 시간이 흐를수록 이 도구들은 단순히 명령을 처리하는 기계를 넘어, 우리 조직의 일하는 방식을 이해하는 조력자에 가까워집니다.

이렇게 솔루션 내장형 AI는 스스로 성장한다기보다는, 함께 일한 흔적이 쌓이면서 점점 '나다운 도구'로 다듬어집니다. 바로 이 지점이, 범용 AI와 구분되는 솔루션 내장형 AI의 가장 현실적이면서도 강력한 잠재력입니다.

이제부터는 업무가 이루어지는 공간과 역할의 차이에 따라 솔루션 내장형 AI를 유형별로 나누어 살펴보겠습니다.

사무실의 풍경을 바꾼
범용 솔루션 내장형 AI

직장인들이 하루 중 가장 많은 시간을 보내는 곳은 어디일까요? 회의실이 아니라면 아마도 문서 작성 프로그램이나 이메일 창 앞일 것입니다. 보고서를 쓰고, 엑셀 데이터를 정리하고, 쏟아지는 이메일에 답장하는 일상적인 업무들 말입니다. 범용 솔루션 내장형 AI는 바로 이 가장 보편적이고 지루한 업무의 풍경을 바꾸고 있습니다.

빈 화면의 공포를 없애다

글을 써본 사람이라면 누구나 하얀 빈 화면에서 깜빡이는 커서가 주는 막막함을 압니다. "첫 문장을 뭐라고 시작하지?"라는 고민만으로 30분을 흘려보내기도 합니다. 하지만 이제 솔루션 내장형 AI 덕분에 '빈 화면의 공포'는 옛말이 되었습니다.

노션(Notion) AI는 이 분야에서 가장 극적인 변화를 보여줍니다. 메모, 문서, 협업 도구가 통합된 노션에서 사용자가 "신입사원 온보딩 가이드를 써줘"라고 입력하면, AI는 순식간에 목차와 주요 내용을 포함한 초안을 만들어냅니다. 사용자는 백지에서 시작할 필요 없이, AI가 만들어준 초안을 수정하고 살을 붙이기만 하면 됩니다.

단순히 글을 쓰는 것을 넘어, 이미 작성된 글을 다듬는 데에도 탁월합니다. 너무 딱딱한 보고서를 부드러운 톤으로 바꾸거나, 긴 회의록을 단 세 줄로 요약해달라고 요청할 수도 있습니다. 심지어 영어나 일본어로 된 자료를 가져와 "한국어로 번역해서 요약해줘"라고 시키면, 자연스러운 번역과 함께 핵심 내용을 정리해줍니다. 노션 AI는 단순한 문서 도구를 넘어, 생각의 속도를 높여주는 '지식 생산 파트너'가 되었습니다.

엑셀 지옥과 PPT 야근에서의 해방

마이크로소프트 365 코파일럿은 전 세계 직장인들의 공통 언어인 워드, 엑셀, 파워포인트를 혁신했습니다. 과거에는 엑셀 데이터를 분석하려면 복잡한 함수를 외우거나 피벗 테이블을 이리저리 돌려봐야 했습니다. 하지만 이제는 엑셀에게 채팅하듯 말만 걸면 됩니다.

"지역별 월 매출 추이를 꺾은선 그래프로 그려줘", "지난달보다 매출이 급락한 원인이 뭐야?"라고 물으면, 코파일럿은 데이터를 분석해 그래프를 그리고 원인이 될 만한 패턴을 찾아줍니다. 데이터 분석가가 아니더라도 누구나 데이터 인사이트를 뽑아낼 수 있게 된 것입니다.

직장인들의 영원한 숙제인 파워포인트 작업도 달라졌습니다. 잘 정리된 워드 문서를 코파일럿에게 던져주며 "이 내용으로 10장짜리 발표

자료를 만들어줘"라고 하면, AI가 내용을 요약해 슬라이드를 구성하고
적절한 디자인까지 입혀줍니다. 물론 사람이 마무리 수정은 해야겠지만,
뼈대를 잡느라 밤을 새우던 일은 이제 사라지고 있습니다.

더 빨라진 소통, 더 스마트한 이메일

구글의 지메일과 워크스페이스는 업무 커뮤니케이션의 속도를
높이는 데 집중했습니다. 스마트 편지쓰기(Smart Compose) 기능은
사용자가 이메일을 쓰는 도중에 다음에 올 문장을 미리 예측해서 회색
글씨로 보여줍니다. 탭 키만 누르면 문장이 완성되니 타자 칠 일조차
줄어듭니다.

수신된 이메일을 분석해 "좋습니다", "시간을 확인해보겠습니다" 같은
짧은 답장 버튼을 미리 만들어주는 기능은, 이동 중에 스마트폰으로
업무를 처리해야 하는 바쁜 직장인들에게 큰 호응을 얻고 있습니다.
최근에는 구글의 생성형 AI 모델인 Gemini가 결합되어, "거래처에 보낼
정중한 사과 메일을 써줘"라고 요청하면 상황에 맞는 완벽한 이메일
초안을 작성해주기도 합니다.

이처럼 범용 솔루션 내장형 AI들은 거창한 기술 혁신이라기보다,
직장인의 퇴근 시간을 앞당겨주는 '생활 밀착형 혁신'에 가깝습니다.
문서를 요약하고, 데이터를 정리하고, 이메일 초안을 잡는 반복 업무를
AI에게 맡김으로써, 우리는 진짜 고민이 필요한 '알맹이'에 더 집중할 수
있게 되었습니다.

전문가의 시간을 아끼는
직무 특화 솔루션 내장형 AI

범용 AI가 모든 직장인의 '손발'을 가볍게 해준다면, 직무 특화 AI는 전문가들의 '눈'을 밝혀줍니다. 영업, 재무, 디자인과 같은 전문 영역은 데이터가 복잡하고 경험에 의한 판단이 중요하기 때문에, 일반적인 ChatGPT로는 해결하기 어려운 문제들이 많습니다. 바로 이때, 각 분야의 1등 솔루션에 내장된 AI가 진가를 발휘합니다.

영업의 예지력:
"이 고객은 떠날 준비를 하고 있습니다"(Salesforce)

영업 담당자에게 가장 중요한 것은 무엇일까요? 바로 '타이밍'과 '눈치'입니다. 세계 1위 CRM(고객 관계 관리) 솔루션인 세일즈포스(Salesforce)의 AI, 아인슈타인(Einstein)은 영업 사원에게 초능력에 가까운 예지력을 제공합니다.

과거에는 영업 사원이 수백 명의 고객 명단을 엑셀로 관리하며 "누구에게 먼저 연락할까?"를 감으로 찍어야 했습니다. 하지만 아인슈타인은 지난 수년간의 거래 데이터, 이메일 응답 속도, 최근 웹사이트 방문 기록 등을 분석해 '성공 확률이 높은 고객'을 점수로 매겨 줍니다.

더 놀라운 것은 '위기 감지' 능력입니다. "A 고객사는 최근 불만 접수가 늘고 담당자의 이메일 회신이 늦어지고 있습니다. 이탈 확률이 80%이니, 이번 주 내로 할인 프로모션을 제안하세요"라고 구체적인 행동 지침까지 줍니다. 고객을 만나러 가는 택시 안에서, 영업 사원은 AI가 요약해준 '고객의 최근 이슈'와 '맞춤형 제안 전략'을 5분 만에 훑어보고 미팅에 들어갑니다. 이것은 단순한 자동화가 아니라, 모든 영업 사원을 '에이스'로 만들어주는 상향 평준화입니다.

경영의 내비게이션: "다음 분기엔 자금이 부족할 수 있습니다"(SAP & Oracle)

기업의 안살림을 책임지는 ERP(전사적 자원 관리) 영역에서 AI는 든든한 '재무 참모' 역할을 합니다. SAP의 줄(Joule)이나 오라클(Oracle)의 AI는 복잡한 숫자 속에 숨어 있는 위험 신호를 찾아냅니다.

예전에는 재무팀이 월말마다 전표를 뒤지며 결산을 하고, 며칠 밤을 새워 보고서를 만들었습니다. 보고서가 나올 때쯤이면 이미 상황은 종료된 후였죠. 하지만 AI가 내장된 ERP는 실시간으로 데이터를 감시합니다. "특정 원자재 가격 상승으로 다음 달 생산 비용이 예산보다 15% 초과될 것으로 예상됩니다"라고 미리 경고를 날립니다.

단순히 경고만 하는 게 아닙니다. "B 공급업체 대신 C 업체를 이용하면 비용을 5% 절감할 수 있습니다"라며 대안 시나리오까지 제시합니다. 경영진은 이제 '지난달 실적'이 아니라 '다음 달 예측'을 보며 의사결정을 내릴 수 있게 되었습니다. AI는 빽빽한 숫자의 숲에서 경영자가 길을 잃지 않도록 돕는 가장 정교한 내비게이션입니다.

상상의 속도를 높이다: "말하는 대로 그려집니다"(Adobe)

디자이너에게 수정 요청은 숙명과도 같습니다. "배경을 좀 더 화사하게 바꿔주세요", "모델의 옷 색깔을 변경해주세요". 과거에는 이런 요청 하나하나가 디자이너의 야근을 의미했습니다. 레이어를 따고, 색상을 보정하고, 합성을 하느라 몇 시간이 걸렸기 때문입니다.

하지만 어도비(Adobe)의 파이어플라이(Firefly)가 포토샵에 들어오면서 이 과정은 마법처럼 변했습니다. 디자이너가 "배경을 파리의 노천카페로 바꿔줘"라고 텍스트로 입력하면, AI가 빛의 방향과 그림자까지 고려해 완벽한 배경을 생성합니다. 빈 공간을 자연스럽게 채워주는 '생성형 채우기' 기능은 사진 편집의 패러다임을 바꿨습니다.

이제 디자이너는 지루한 반복 작업(누끼 따기, 배경 지우기)에서 해방되어, 진짜 창의적인 아이디어와 콘셉트를 고민하는 데 시간을 쏟을 수 있습니다. "기술이 예술을 죽인다"는 우려와 달리, 오히려 기술은 "상상하는 속도대로 창작할 수 있는 자유"를 선물했습니다.

이처럼 직무 특화형 AI들은 전문가를 대체하는 것이 아니라, 전문가가 '잡무'를 버리고 '본질'에 집중하도록 돕는 강력한 파트너로 자리 잡고 있습니다.

현장의 실수를 막아주는
엔지니어링 솔루션 내장형 AI

    사무실의 문서 작업은 실수하면 지우고 다시 쓰면 그만입니다. 하지만 건설 현장의 도면이나 자동차 엔진 설계에서의 실수는 다릅니다. 나사 구멍의 위치가 1mm만 어긋나도 수억 원의 금형을 폐기해야 하거나, 건물의 안전이 위협받을 수 있습니다. 그래서 산업 현장의 AI는 속도보다 '완벽함'을 지향합니다.

도면이 설계자의 의도를 읽다(AutoCAD)

    건축과 토목 설계의 표준인 오토캐드(AutoCAD)에서 AI는 설계자의 '습관'과 '의도'를 파악하는 조수 역할을 합니다.

    가장 눈에 띄는 변화는 '스마트 블록(Smart Blocks)' 기능입니다. 과거에는 설계자가 의자, 문, 창문 같은 요소를 도면에 배치할 때 일일이 위치를 잡고 각도를 돌려야 했습니다. 하지만 이제 AI는 설계자가 이전에 가구를 배치했던 패턴을 학습합니다. 설계자가 침대를 도면 위에 가져가면, AI가 "보통 이 위치에서 벽에 붙여 배치하셨죠?"라며 자동으로 위치와 방향을 잡아줍니다.

또한 '마크업 어시스트(Markup Assist)' 기능은 현장과 사무실의 간극을 줄여줍니다. 공사 현장에서 종이 도면 위에 빨간 펜으로 "이 문 위치 변경"이라고 메모를 적어 사진을 찍어 보내면, AI가 이를 인식해 CAD 도면 위에 수정 사항을 텍스트나 지시선으로 자동 변환해 띄워줍니다. 수작업으로 옮겨 적는 과정에서 발생하던 누락이나 오타 실수가 획기적으로 줄어드는 것입니다.

▌ 수천 개의 부품 조립을 몇 번의 클릭으로(SolidWorks)

기계 설계 분야의 강자인 솔리드웍스(SolidWorks)는 복잡한 조립(Assembly) 과정의 고통을 덜어줍니다. 기계 하나를 설계하려면 수천 개의 부품을 가상 공간에서 조립해야 하는데, 나사와 구멍의 짝을 맞추는 단순 반복 작업이 전체 시간의 상당 부분을 차지했습니다.

솔리드웍스의 AI 기반 '메이트 헬퍼(Mate Helper)'나 '스마트 메이트(Smart Mate)' 기능은 부품을 끌어다 놓기만 해도 "이 나사는 이 구멍에 들어가는 것이 맞습니까?"라고 판단하여 찰칵 끼워 맞춥니다. 설계자는 지루한 조립 과정에서 해방되어, 기계가 실제로 작동할 때 간섭은 없는지, 구조적 문제는 없는지 같은 상위 레벨의 검토에 집중할 수 있습니다.

인간의 직관을 넘어서는 최적의 형태(Siemens NX)

항공기나 자동차처럼 극한의 성능이 필요한 분야에서 사용하는 지멘스 NX(Siemens NX)는 '제너레이티브 디자인(Generative Design)'을 통해 인간이 상상하기 힘든 설계를 제안합니다.

엔지니어가 "무게는 10% 줄이되, 강도는 그대로 유지해줘"라는 조건을 입력하면, AI가 수백, 수천 가지의 설계안을 시뮬레이션합니다. 그 결과물은 마치 뼈 구조나 나뭇가지처럼 유기적이고 기이한 모양일 때가 많습니다. 인간의 직관으로는 그려낼 수 없는, 오직 수학과 데이터로 찾아낸 최적의 형태입니다.

또한 '커맨드 프레딕션(Command Prediction)' 기능은 설계자가 다음에 무엇을 할지 예측합니다. 설계자가 특정 면을 선택하면, AI가 "다음에 필렛(모서리 깎기) 작업을 하시겠습니까?"라며 메뉴를 띄워줍니다. 복잡한 메뉴 속에서 기능을 찾는 시간을 줄여주어 설계의 리듬이 끊기지 않게 돕는 것입니다.

솔루션 내장형 AI로
일하는 방식을 다시 짜다

솔루션 내장형 AI(Solution-Embedded AI)의 가장 큰 장점은 "지금 쓰고 있는 시스템 안에서 곧바로 쓸 수 있다"는 점입니다. 새로운 플랫폼을 구축하느라 시간을 낭비할 필요도 없고, 직원들에게 새로운 툴을 가르치느라 애쓸 필요도 없습니다.

많은 기업이 AI 도입을 위해 거창한 프로젝트를 기획하지만, 정작 현장에서는 익숙하지 않은 도구 때문에 저항에 부딪히는 경우가 많습니다. 반면, 솔루션 내장형 AI는 사용자가 이미 익숙한 업무 환경(워드, 엑셀, CRM 등) 안에서 자연스럽게 AI 기능을 접하게 되므로 심리적 장벽이 낮습니다. 따라서 기업이 본격적인 AI 도입에 앞서, AI를 실무 속에 자연스럽게 스며들게 하는 연착륙 단계로서 최적의 선택입니다.

성공적인 활용을 위해 다음의 5가지 단계적 접근 전략을 제안합니다.

• • 우리 회사 AI 전환, 어떻게 시작할까?

대부분의 기업은 이미 AI가 탑재된 솔루션을 쓰고 있습니다. 단지 그 사실을 모르거나, 기능이 비활성화되어 있을 뿐입니다.

예를 들어, MS 365를 쓴다면 코파일럿(Copilot)을, 어도비(Adobe)를 쓴다면 파이어플라이(Firefly)를, 세일즈포스(Salesforce)를 쓴다면 아인슈타인(Einstein)을, SAP를 쓴다면 줄(Joule)을 이미 사용할 준비가 되어 있을지 모릅니다.

새로운 AI 솔루션 도입을 검토하기 전에, 현재 사용 중인 솔루션의 업데이트 내역과 라이선스 정책을 먼저 확인하십시오. 라이선스 정책 변경으로 인해 추가 비용 없이 사용할 수 있는 기능이 생겼거나, 간단한 설정 변경만으로 활성화할 수 있는 기능이 있을 수 있습니다. 기능 활성화 버튼을 누르는 것, 그것이 가장 빠르고 비용 효율적인 AI 도입의 시작입니다.

[2단계] 업무 시나리오 단위로 범위를 좁히기

기능이 있다고 해서 모든 업무에 AI를 쓸 필요는 없습니다. 처음에는 효과가 확실하고 실패해도 리스크가 적은 한두 개의 반복적인 시나리오에 집중하는 것이 좋습니다.

- **영업팀**: 고객 미팅 직후, 모바일 앱으로 음성 메모를 남기면 AI가 이를 텍스트로 변환하고 요약하여 CRM(Salesforce Einstein)에 자동 저장하는 시나리오

- **재무팀**: 월말 결산 시, 엑셀 데이터를 업로드하면 AI가(SAP Joule) 자동으로 이상치(Outlier)를 탐지하여 리포트 초안을 작성하는 시나리오
- **디자인팀**: 제품 사진의 배경을 제거하거나 특정 색상 톤으로 변경하는 작업을 AI(Adobe Firefly)에게 맡기는 시나리오
- **인사팀**: 수백 개의 이력서 중 직무 요건에 부합하는 후보자를 AI(Oracle Fusion AI)가 1차로 선별하고 요약해 주는 시나리오
- **IT지원팀**: 반복되는 사내 IT 문의 티켓을 AI(ServiceNow Now Assist)가 자동 분류하고, 과거 해결 이력을 바탕으로 답변 초안을 생성하는 시나리오

거창한 목표보다는 "이걸 썼더니 1시간 걸리던 일이 10분 만에 끝났다"는 확실한 초기 성과(Quick Win)를 만드는 것이 중요합니다. 이러한 작은 성공 경험들이 모여야 조직 내에 **AI**에 대한 긍정적인 인식이 확산될 수 있습니다.

[3단계] 교육보다는 경험을 공유하기

이 도구들은 직관적이라서 별도의 집합 교육이 거의 필요 없습니다. 오히려 중요한 것은 "누가 어떻게 썼더니 좋더라" 하는 구체적인 경험의 공유입니다.

영업팀 박 대리가 코파일럿으로 제안서를 빠르게 완성해 칼퇴근한 사례나, 디자인팀 김 사원이 클라이언트의 수정 요청을 그 자리에서 즉시 처리해 칭찬받은 무용담이 동료들에게 가장 좋은 자극제가 됩니다.

정식 교육보다는 점심시간을 활용한 '브라운백 세미나'나 사내 메신저를 통해 'AI 활용 팁'을 공유하는 채널을 운영하는 것이 효과적입니다. 또는 'AI 활용 우수 직원'을 선발하여 포상하는 등 문화를 만드는 데 집중하십시오. 동료의 성공 사례는 "나도 한번 써볼까?" 하는 호기심을 유발하는 가장 강력한 동기부여 수단입니다.

[4단계] AI의 결과를 검증 가능한 체계에 넣기

편리하다고 해서 맹신해서는 안 됩니다. AI가 생성한 데이터나 예측 결과는 반드시 사람이 검증하는 프로세스(Human-in-the-loop)를 거쳐야 합니다. AI는 확률적 도구이며, 언제든지 틀릴 수 있는 가능성을 내포하고 있기 때문입니다.

- SAP Joule이 추천한 예산 조정안은 반드시 재무팀 리더가 검토 후 승인 버튼을 눌러야 반영되도록 설정해야 합니다.
- ServiceNow가 자동 분류한 티켓은 관리자가 주기적으로 샘플링하여 분류 정확도를 점검해야 합니다.
- Copilot이 작성한 문서는 담당자가 최종 검수하고, 필요한 경우 수정을 거친 뒤에 배포해야 합니다.

이 검증 루프가 있어야 AI를 안정적으로 운영할 수 있으며, 만약의 사태에 대비한 책임 소재를 명확히 할 수 있습니다. AI는 조력자일 뿐, 최종 결정권자는 사람임을 잊지 말아야 합니다.

각 부서에서 내장형 AI의 효과를 체감하고 익숙해진 후에는, 부서 간 데이터를 연결하여 더 큰 시너지를 낼 수 있는 단계로 나아가야 합니다. 내장형 AI의 진짜 가치는 개별 솔루션 안에서만 머무는 것이 아니라, 솔루션 간의 데이터가 흐를 때 극대화됩니다.

- **CRM(Salesforce)과 ERP(SAP) 연결:** 영업팀의 수주 예측 데이터가 실시간으로 생산팀의 자재 발주 계획에 반영되도록 연결하면, 재고 비용을 획기적으로 줄일 수 있습니다.

- **Adobe Creative Cloud와 MS Copilot 연계:** 마케팅팀이 제작한 콘텐츠 에셋이 영업팀의 제안서 작성 도구와 연동되면, 영업 자료의 품질과 브랜드 일관성을 동시에 높일 수 있습니다.

이 단계에서는 단순히 AI 기능을 사용하는 것을 넘어, 데이터의 흐름을 통합하는 것이 중요합니다. 이 과정이 바로 기업 전체의 디지털 전환(AX) 기반을 다지는 핵심적인 단계가 됩니다.

AI를 활용한다는 것은 기능을 익히는 문제가 아닙니다. 업무의 시작 지점은 어디인지, 어느 단계에서 판단이 이루어지는지, 사람과 시스템의 역할을 어떻게 나눌 것인지를 다시 설계하는 일입니다. 사람이 먼저 만들고 AI가 보조하는 구조와, AI가 초안을 만들고 사람이 검토하는 구조는 전혀 다른 생산성을 만듭니다. 이러한 재설계가 없다면 AI는 메뉴 한쪽에 머무를 뿐, 조직의 일하는 방식을 바꾸지 못합니다.

솔루션 내장형 AI의 성패는 도입 여부가 아니라, 업무가 AI를 전제로 다시 짜였는지에 달려 있습니다.

편리함의 착각: 내장형 AI 활용을 가로막는 진짜 장벽

솔루션 내장형 AI는 기업이 AI 기술을 도입하는 가장 빠르고 쉬운 방법임이 분명합니다. 하지만 '도입의 용이성'이 곧 '성공적인 활용'을 보장하는 것은 아닙니다. 실제로 많은 기업이 솔루션 내장형 AI를 도입한 후 예상치 못한 현실적인 문제들에 부딪히고 있습니다.

기능이 단순히 추가된 것이 아니라 기존의 복잡한 데이터 구조나 업무 흐름과 긴밀히 얽혀 있기 때문에, 단순 도입만으로는 기대만큼의 성과를 얻지 못하는 경우가 많습니다. 도입 전 반드시 고려해야 할 한계와 리스크는 다음과 같습니다.

포함되어 있다고 해서 저절로 써지는 것은 아니다

많은 기업이 "우리 솔루션에 AI 기능이 포함되어 있다"는 사실만으로 AI를 도입했다고 착각합니다. 하지만 실제로는 별도의 설정이나 권한 승인이 필요하거나, API 연결을 해야만 작동하는 경우가 많습니다.

예를 들어 SAP의 Joule이나 Salesforce의 Einstein Copilot은 기본 패키지에 포함되어 있을 수 있지만, 실제 사용을 위해서는 별도의 활성화 설정, 사용자 권한 부여, 그리고 경우에 따라서는 추가 API 연결 작업이 필요합니다. 기능이 켜져 있어도 사용자가 기존 방식대로만 일하면 AI는 개입할 틈이 없습니다.

한 글로벌 제조기업은 Microsoft 365 Copilot을 도입했지만, 내부 보안 정책으로 인해 데이터 연결이 제한되어 기능의 절반 이상을 활용하지 못했습니다. 기능을 보유하는 것(Having)과 실제로 활용하는 것(Using)은 전혀 다른 차원의 문제입니다. 포함 → 활성화 → 활용의 3단계가 모두 충족되어야 실질적인 효과가 발생합니다.

▌데이터 사일로(Silo)와 품질 문제

내장형 AI는 자신이 속한 솔루션의 데이터만 잘 압니다. 이것이 데이터 불일치 문제를 일으킬 수 있습니다.

예를 들어, 영업팀이 쓰는 세일즈포스(CRM)와 재무팀이 쓰는 SAP(ERP)에 등록된 고객 정보가 다르다면 어떨까요? SAP에서는 고객이 'A-0001'로, 세일즈포스에서는 'Customer_001'로 등록되어 있다면, 두 시스템은 동일 고객을 서로 다른 개체로 인식하게 됩니다. 이로 인해 SAP Joule의 수요 예측과 Salesforce Einstein의 매출 예측이 불일치하고, 실제 재고나 주문 계획에 혼선이 생길 수 있습니다.

데이터가 표준화되지 않고 쪼개져 있는 데이터 사일로(Data Silo) 상태에서는, AI가 오히려 조직의 혼란을 가중시키는 확성기가 될 수 있습니다. AI의 정확도는 결국 데이터 일관성과 연결성에 달려 있으며, 이는 단순한 기술적 이슈가 아닌 조직적 통합 과제입니다.

사용자 경험의 불균형: "메뉴 안에 있는데 누가 쓰나?"

솔루션 내장형 AI는 대부분 기존 메뉴 구조 안에 숨어 있습니다. Adobe의 Firefly나 ServiceNow의 Now Assist처럼 기능이 있어도 사용자가 위치를 몰라 활용되지 않는 경우가 많습니다.

이 문제를 해결하기 위해 사용자는 자신이 자주 쓰는 기능에 AI 명령을 연결하거나, 부서 단위로 'AI 기능 위치와 활용 예시'를 정리한 간단한 가이드를 만들어 공유해야 합니다. 또한 사내 커뮤니케이션 도구(Teams, Slack 등)를 활용해 AI 기능 팁이나 사례를 공유하면, 자연스럽게 인식률과 사용률이 함께 높아집니다.

보안과 컴플라이언스의 이중 잠금

솔루션 내장형 AI는 대부분 SaaS(클라우드) 형태로 운영되기 때문에, 내부 보안 정책과 벤더의 데이터 정책이 충돌하는 경우가 많습니다.

예를 들어 금융권이나 공공기관에서는 클라우드 데이터 전송 차단 정책으로 인해 SAP Joule의 핵심 기능을 사용할 수 없거나, Copilot의 문서 요약 기능이 비활성화되는 사례가 발생합니다.

도입 전에 우리 회사의 보안 정책과 벤더의 데이터 처리 방침이 충돌하지 않는지 반드시 확인해야 합니다. 필요한 경우 온프레미스(사내

^{구축}) 옵션이나 프라이빗 모델을 검토하고, 국내 데이터 존이나 보안 인증을 기반으로 한 제한적 활성화 전략을 병행하는 것이 현실적인 해법이 됩니다.

ROI 평가의 함정

"AI를 도입했는데 왜 매출이 안 오르죠?" 내장형 AI의 성과를 단순히 기능 단위로만 평가하면 ROI(투자 대비 효과)가 낮게 보일 수 있습니다.

예를 들어 SAP Joule이 ERP 리포트를 자동 생성하면, 이는 명확한 시간 절감 효과를 가져오지만, 많은 기업은 이를 단순한 '리포트 작성 속도 향상'으로만 기록합니다. 하지만 이 자동화가 재무·영업·물류 부서 간 의사결정 주기를 단축했다면, ROI는 훨씬 더 커집니다.

ROI 평가는 단순한 시간 절감을 넘어, 협업 속도 개선이나 오류 감소와 같은 연결의 가치로 확장해서 측정해야 합니다.

- **시간 절감:** Copilot이 보고서 초안을 자동으로 생성해 작성 시간이 30분 줄어들면, 월 100건 보고서를 작성하는 팀은 연간 600시간 절감 효과를 얻습니다.

- **의사결정 속도 향상:** SAP Joule의 예측 결과가 Salesforce의 판매 계획에 실시간 반영되면, 생산·물류 조정에 걸리는 시간이 평균 1~2일 단축됩니다.

- **운영비 절감:** 데이터 일관성 확보로 오류율이 10% 줄면, 불필요한 재고나 중복 구매 비용이 연간 5~10% 절감됩니다.

벤더 종속성(Lock-in)의 심화

특정 솔루션의 AI 기능이 편해질수록, 그 솔루션 없이는 일을 못하게 되는 종속성이 심화됩니다. SAP Joule의 신규 기능이 클라우드 버전에만 적용되거나, Salesforce가 UI 개편과 함께 AI 모듈 구조를 변경하면 기업은 이에 맞춰 내부 교육과 매뉴얼을 다시 손봐야 합니다.

만약 벤더가 구독료를 올리거나 정책을 바꾸면, 기업은 울며 겨자 먹기로 따를 수밖에 없습니다. 이를 방지하기 위해 장기적으로는 멀티 솔루션 전략을 고려하거나, 데이터 원본만큼은 우리 회사가 통제할 수 있는 곳에 따로 보관하는 안전장치를 마련해야 합니다. 주요 기능을 API 기반으로 연결하여 '벤더 락인(Vendor Lock-in)'을 완화하고, 특정 플랫폼 의존도를 낮추는 것이 장기적으로 안정적입니다.

솔루션 내장형 AI는 "쉽게 도입할 수 있지만, 활용까지 저절로 쉽게 되지는 않은 AI"입니다. 각 솔루션의 구조와 정책을 이해하지 못하면, 기대한 효과의 절반도 얻기 어렵습니다. 따라서 도입 전략은 기술 자체보다 솔루션 간 연결성, 데이터 통합, 협업 중심의 가치 평가 체계를 정립하는 데 초점을 맞춰야 합니다.

'업무 관성', 가장 높은 장벽

솔루션 내장형 AI는 이미 우리가 매일 쓰는 업무 도구 안에 들어와 있습니다. 별도의 시스템을 새로 배우지 않아도 되고, 추가 로그인을 할 필요도 없습니다. 그럼에도 불구하고 많은 기업에서 이 AI들은 기대만큼 활용되지 못합니다. 이유는 명확합니다. 도구의 문제가 아니라, 여전히 예전 방식으로 일하고 있기 때문입니다.

보고서 작성, 설계 검토, 데이터 정리, 이메일 대응까지 사용하는 솔루션은 달라졌지만, 일을 시작하는 방식과 끝내는 방식은 예전과 다르지 않습니다. 이 상태에서 솔루션에 포함된 AI 기능을 '하나의 옵션'처럼 쓰다 보니, AI는 업무를 바꾸는 주체가 아니라 가끔 떠올리면 사용하는 부가 기능으로 남게 됩니다.

현장에서는 이런 불만도 자주 나옵니다. "AI 기능을 써보니 오히려 시간이 더 걸린다"는 이야기입니다. 초안을 다시 고쳐야 하고, 기존 양식에 맞게 손봐야 하며, 결과를 검증하는 단계가 추가되다 보니, 예전보다 일이 늘어난 것처럼 느껴진다는 것입니다. 특히 솔루션 내장형 AI를 기존 프로세스의 한 부분만 대체하는 방식으로 접근할수록 이런 현상은 더 자주 발생합니다.

문제는 AI가 아니라 접근 방식입니다. 기존 업무 흐름은 그대로 둔 채, 특정 작업만 AI로 바꾸면 흐름이 끊깁니다. 예를 들어, 보고서 초안은 여전히 사람이 만들고, AI는 표현만 다듬게 하거나, 기존 작성 순서를 유지한 채 중간 단계에만 AI를 끼워 넣으면 생산성은 크게 달라지지 않습니다. 이 경우 AI는 시간을 줄여주는 도구가 아니라, 하나의 추가 단계로 작동하게 됩니다.

솔루션 내장형 AI의 효과를 제대로 보려면, 업무를 AI를 전제로 다시 짜야 합니다. 사람이 처음부터 끝까지 만들고 AI가 보조하는 구조와, AI가 초안을 만들고 사람이 검토·보완하는 구조는 전혀 다른 결과를 만듭니다. 같은 솔루션, 같은 AI 기능이라도 어느 지점에서 AI를 사용하도록 설계했느냐에 따라 체감 생산성은 크게 달라집니다.

그럼에도 많은 구성원들은 익숙하지 않다는 이유로, 하던 방식이 아니라는 이유로, 혹은 당장 귀찮다는 이유로 AI 기능을 외면합니다. 솔루션 안에 기능이 있어도 쓰지 않으면 의미가 없습니다. 그래서 이 단계에서 중요한 것은 기능 교육이 아니라 설득과 독려입니다. 왜 이 기능을 써야 하는지, 어떤 업무부터 바꾸면 되는지, 그리고 어느 순간부터 일이 더 빨라지는지를 조직 차원에서 분명히 보여줘야 합니다.

결국 솔루션 내장형 AI의 성패는 기능의 완성도나 도입 여부가 아니라, 업무가 그 AI를 전제로 다시 설계되었는지, 그리고 사람들이 그 방식을 실제로 쓰도록 이끌었는지에 달려 있습니다. 솔루션 안에 AI가 '있다'는 사실보다, 그 AI를 기준으로 일이 돌아가고 있는지가 훨씬 중요합니다.

우리 회사
AI 전환,
어떻게 시작할까?

제7장

AI가 멈추지 않고 달리기 위한 도로와 연료

: AX 인프라와 데이터 체계

페라리 같은 최고의 스포츠카를 샀다고 가정해 봅시다.
엔진 출력은 800마력에 달하고, 최첨단 자율주행 기능까지 갖췄습니다.
하지만 이 차가 달려야 할 도로가 울퉁불퉁한 비포장도로이고,
넣을 고급 휘발유가 없어 등유를 넣어야 한다면 어떻게 될까요?
아마 경운기보다 못한 성능을 내다가 금세 고장 나버릴 것입니다.
기업의 AI도 마찬가지입니다. 우리는 앞선 장에서 어떤 AI 모델(엔진)을 도입할지 고민했습니다. 하지만 경영진이 놓치기 쉬운, 그러나 AI 프로젝트의 성패를 좌우하는 진짜 승부처는 바로 보이지 않는 곳에 있습니다.
많은 기업이 비싼 AI 솔루션을 도입하고도 실패하는 이유는 알고리즘이 부족해서가 아닙니다. 부서마다 데이터가 달라 AI가 엉뚱한 답을 내놓거나, 데이터를 가져오는 데만 며칠이 걸려 실시간 예측이 불가능하기 때문입니다. AI라는 엔진이 제 성능을 발휘하려면, 끊김 없이 흐르는 깨끗한 데이터(연료)와 이를 뒷받침하는 탄탄한 인프라(도로)가 필수적입니다.
이 장에서는 AI 모델 그 자체가 아니라, 그 모델을 가장 잘 돌아가게 만드는 숨은 조력자들에 대해 이야기하려 합니다. 데이터 거버넌스, 파이프라인, 플랫폼 같은 다소 딱딱한 용어들이 실제로는 기업의 경쟁력을 결정짓는 가장 중요한 자산임을 확인하게 될 것입니다.

데이터 기초 체력(Fuel)
: 쓰레기를 넣으면 쓰레기가 나온다

AI의 성능은 알고리즘의 우수성보다 데이터의 품질에 더 크게 좌우됩니다. 데이터 사이언스 업계에는 'Garbage In, Garbage Out(쓰레기가 들어가면 쓰레기가 나온다)'이라는 불변의 진리가 있습니다. 아무리 미슐랭 3스타 셰프(최고급 AI 모델)를 모셔와도, 썩은 재료(오류 데이터)를 주면 결코 맛있는 요리를 만들 수 없는 것과 같은 이치입니다.

AI가 멍청한 대답을 하거나 엉뚱한 예측을 내놓는다면, 십중팔구는 모델의 문제가 아니라 데이터의 문제입니다. 따라서 기업이 AI 전환을 시작할 때 가장 먼저 점검해야 할 것은 '우리의 데이터 창고에 쌓인 재료가 신선한가?'입니다. AI에게 공급할 고품질 연료를 확보하기 위해 기업이 반드시 갖춰야 할 세 가지 핵심 체계 중 첫 번째, 마스터 데이터 관리(MDM)부터 살펴보겠습니다.

마스터 데이터 관리(MDM)로 기준 세우기

AI 도입을 준비하는 기업들이 가장 먼저 마주하는 난관은 의외로 복잡한 알고리즘이나 고성능 GPU가 아니라, 바로 '서로 다른 이름'입니다. 부서마다, 시스템마다, 심지어 담당자마다 같은 대상을 서로 다른 이름으로 부르고 있기 때문입니다. 이 혼란을 잠재우고 기업 내 데이터의 '유일한 정답'을 만드는 작업을 마스터 데이터 관리(MDM, Master Data Management)라고 합니다. 기업 비즈니스의 뼈대가 되는 핵심—고객(Customer), 제품(Product), 임직원(Employee), 자산(Asset)—를 전사적으로 표준화하고 일치시키는 과정입니다.

◆ AI는 '바벨탑'에서는 작동하지 않는다

많은 기업이 성장의 과정에서 필요에 따라 ERP(전사적 자원관리), CRM(고객관계관리), SCM(공급망관리) 등 수많은 시스템을 개별적으로 도입해 왔습니다. 문제는 이 시스템들이 서로 대화하지 않는 '사일로(Silo)' 형태로 구축되었다는 점입니다.

예를 들어, 영업팀은 고객을 '사업자등록번호'로 관리하고, 마케팅팀은 '이메일 주소'로 관리하며, 물류팀은 '배송지 주소'로 관리하는 경우가 많습니다. 사람이 볼 때는 대충 문맥을 보고 "아, 이 거래처가 거기다"라고 눈치껏 알 수 있지만, 융통성이 없는 AI에게 이들은 완전히 다른 세 개의 남남입니다.

기준 정보가 통일되지 않은 상태에서 데이터를 AI에 쏟아붓는 것은, 마치 한국어, 영어, 불어가 뒤섞인 문서를 번역기에게 던져주는 것과 같습니다. MDM은 이 바벨탑의 언어를 하나로 통일하여, AI가 데이터를 오해 없이 이해하고 학습할 수 있는 '공통 언어'를 만들어주는 작업입니다.

 패션 브랜드의 숨바꼭질: "창고에는 있는데, AI는 없다고 합니다"

특정 기업의 사례는 아니지만, 제조와 유통을 겸하는 패션 브랜드에서 매우 흔하게 발생하는 '데이터 불일치' 시나리오를 살펴보겠습니다. 이 가싱의 회사는 최근 온라인 자사몰이 급성징하면서, 재고 관리와 판매량 예측을 위해 AI 시스템을 야심 차게 도입했습니다. "다음 달에 가장 잘 팔릴 옷을 예측해서 미리 생산하자"는 목표였죠.

하지만 AI를 돌려보니 엉뚱한 결과가 나왔습니다. 온라인몰에서 매일 품절 대란이 일어나는 인기 상품을, 생산 공장의 AI는 "재고가 남아돈다"라고 판단하여 생산 중단 권고를 내린 것입니다. 왜 이런 일이 벌어졌을까요? 범인은 부서마다 제각각인 '제품을 부르는 이름'이었습니다.

- **디자인 및 생산팀(ERP):** 원단과 시즌 정보를 중심으로 코드를 관리합니다. 2024년 봄 시즌에 나온 리넨 셔츠를 '24SS-LN-WHT-01'이라고 부릅니다.

- **온라인 마케팅팀(자사몰):** 고객에게 매력적으로 보여야 하므로 감성적인 이름을 씁니다. 시스템상 상품명은 '제주 브리즈 화이트 셔츠'로 등록되어 있습니다.

- **물류 창고(WMS):** 입출고 관리를 위해 물류 대행사에서 발급한 바코드 번호 '880123456789'로 관리합니다.

AI 입장에서 이 셋은 완전히 다른 제품입니다. 온라인몰에서 '제주 브리즈 셔츠'의 주문 데이터가 폭증해도, 생산팀 AI는 '24SS-LN-WHT-01'의 주문이 늘었다고 연결 짓지 못합니다. 오히려 생산 AI는 "24SS 코드의 제품은 판매 기록이 없다"고 판단해 생산을 줄이는 치명적인 실수를 저지르게 됩니다. 결국 "데이터는 있는데 연결이 안 돼서" 기회비용을 날리는 셈입니다.

이 문제를 해결하려면 전사의 제품 정보를 아우르는 '마스터 코드(Master Code)'가 필요합니다. "마스터 코드 A001은 생산팀의 24SS, 마케팅팀의 제주 브리즈, 물류팀의 880과 같다"라고 정의해 주는 작업입니다. 그래야만 AI가 "아, 지금 온라인에서 난리 난 그 셔츠가 바로 창고 A구역에 있는 그 물건"이라고 인식하고 정확한 물류 명령을 내릴 수 있습니다.

시나리오 2 유통 기업의 딜레마: "세 명의 홍길동"

유통이나 서비스업에서 MDM의 부재는 '고객 경험'을 망치는 주범이 됩니다. 온·오프라인 채널을 모두 운영하는 기업에서 흔히 발생하는 '고객 데이터 파편화' 문제를 봅시다.

고객 홍길동 씨가 우리 회사와 상호작용할 때마다 시스템에는 다음과 같이 서로 다른 흔적이 남습니다.

- **온라인몰 가입**: 아이디 'gildong123'으로 가입하며 구매 이력을 남깁니다.
- **매장 멤버십 가입**: 계산대에서 급하게 가입하느라 핸드폰 번호 '010-1234-5678'만 등록했습니다.
- **콜센터 문의**: 배송 문제로 전화했을 때 상담원은 시스템에 '홍길동(서울)'이라고 메모를 남겼습니다.

마스터 데이터 관리가 되어 있지 않다면, 마케팅 AI는 이 세 명의 홍길동을 각기 다른 세 사람으로 인식합니다. 그 결과는 참담합니다.

홍길동 씨가 이미 매장에서 최신 TV를 구매했는데, 온라인몰 AI는 그 사실을 모르고 "TV를 구매해보세요! 할인 쿠폰을 드립니다"라는 추천 이메일을 계속 보냅니다. 홍길동 씨 입장에서는 "이미 샀는데 왜 자꾸 귀찮게 하지?"라며 피로감을 느끼게 되죠. 심지어 콜센터에 전화했을 때, AI 상담원은 그가 TV를 구매한 VIP 고객이라는 사실을 모른 채 일반 등급으로 응대하여 불만을 살 수도 있습니다.

이것이 바로 기업들이 '단일 고객 관점(Single Customer View)'을 확보하기 위해 MDM에 투자하는 이유입니다. 이름, 전화번호, 이메일 등 흩어진 단서들을 결합해 "이 세 가지 데이터는 모두 홍길동이라는 한 사람의 것"이라고 식별해 주는 '골든 레코드(Golden Record)'가 있어야만, AI는 비로소 고객에게 딱 맞는 '초개인화 서비스'를 제공할 수 있습니다.

◆ MDM은 AI를 위한 '신분증 발급처'

결국 마스터 데이터 관리(MDM)는 기업 내 존재하는 모든 데이터에 '정확한 신분증'을 발급하는 일과 같습니다. 신분증이 없으면 그 사람이 누구인지, 그 물건이 무엇인지 증명할 수 없듯이, 마스터 데이터가 없으면 AI는 데이터의 실체를 파악할 수 없습니다.

많은 경영진이 MDM을 "지루한 전산실의 DB 정리 작업" 정도로 치부하곤 합니다. 하지만 MDM은 AI를 활용하는 원천 자원이라 할 수 있습니다. 화려한 AI 모델이 무대 위에서 춤추게 하려면, 무대 뒤에서 누군가는 묵묵히 이름표를 정리하고 대본을 맞춰야 합니다. 그 보이지 않는 작업이 선행되지 않는다면, 수십억 원을 들인 고성능 AI도 결국 '장님 코끼리 만지기' 식의 엉터리 분석을 내놓을 수밖에 없습니다.

MDM은 단순한 데이터 정리가 아닙니다. AI가 우리 회사의 비즈니스를 있는 그대로, 정확하게 이해하도록 만드는 첫 번째 교육 과정입니다.

데이터에 이름표를 붙이는 메타데이터 관리

데이터를 열심히 모으는 것만큼 중요한 것이 바로 '필요할 때 찾아 쓰는 것'입니다. 아무리 값비싼 데이터라도 창고 구석에 처박혀 찾을 수 없다면 그것은 자산이 아니라 비용일 뿐입니다. 이때 데이터에 붙이는 '이름표'이자 '상세 설명서' 역할을 하는 것이 바로 메타데이터(Metadata)입니다.

메타데이터란 '데이터에 대한 데이터'를 뜻합니다. 예를 들어, 어떤 사진 파일이 있다면 사진 속 이미지는 '데이터'이고, 그 사진을 찍은 날짜, 장소, 카메라 기종, 해상도 정보는 '메타데이터'입니다. AI가 데이터를 학습하고 분석할 때, 이 메타데이터는 데이터의 맥락(Context)을 이해하는 결정적인 단서가 됩니다.

◆ 도서관에 책은 많은데, 카탈로그가 없다면?

여러분이 100만 권의 장서를 보유한 거대한 도서관에 갔다고 상상해 봅시다. 그런데 책들이 분류 기호도 없이 바닥에 무작위로 쌓여 있고, 도서 검색용 컴퓨터도 꺼져 있습니다. 사서에게 "인공지능에 관한 최신

책을 찾아주세요"라고 부탁하면, "저기 쌓여 있는 책더미 어딘가에 있을 텐데, 직접 하나씩 열어보세요"라는 답이 돌아올 것입니다.

메타데이터 관리가 안 된 기업의 데이터 저장소가 딱 이렇습니다. 서버에는 수 테라바이트(TB)의 파일이 쌓여 있지만, 정작 AI에게 "지난달 마케팅 행사 사진 좀 찾아줘"라고 시키면 찾을 수가 없습니다. 파일명이 IMG_20240301.jpg나 Final_Final_v2.ppt처럼 의미를 알 수 없게 저장되어 있기 때문입니다.

AI는 독심술사가 아닙니다. "이 파일은 2024년 3월 마케팅 행사 사진이고, 서울 본사에서 촬영되었으며, 저작권은 우리 회사에 있다"라는 꼬리표(Tag)가 붙어 있어야만 비로소 그 데이터를 인지하고 활용할 수 있습니다.

시나리오 미디어 기업의 숨은 보물찾기: "방송은 나갔는데 원본을 못 찾겠어요"

영상이나 이미지 같은 비정형 데이터를 많이 다루는 미디어·콘텐츠 기업에서 흔히 발생하는 시나리오를 살펴보겠습니다.

창립 30주년을 맞은 C사는 그동안의 역사를 담은 다큐멘터리를 제작하기로 했습니다. PD는 AI 검색 시스템을 이용해 "2010년 신사옥 준공식에서 회장님이 테이프 커팅하는 장면"을 찾으려 했습니다. 하지만 검색 결과는 '0건'이었습니다.

분명히 당시 촬영한 영상은 서버 어딘가에 있을 텐데 왜 AI는 찾지 못했을까요? 확인해 보니 당시 영상 파일들은 Tape_054.avi,

Event_Main.mov 같은 불친절한 이름으로 저장되어 있었습니다. AI가 영상의 내용을 이해하려면 픽셀 단위로 분석해야 하는데, 수만 시간 분량의 영상을 실시간으로 분석하는 건 불가능에 가깝습니다. 결국 제작진은 며칠 밤을 새워가며 외장 하드디스크를 뒤져야 했습니다.

이 사건을 계기로 C사는 '메타데이터 표준화 프로젝트'를 시작했습니다. 모든 영상 자산에 다음과 같은 이름표를 의무적으로 붙이기로 한 것입니다.

- **기본 정보**: 촬영일시, 장소, 촬영자, 카메라 기종
- **콘텐츠 정보**: 등장인물, 행동(테이프 커팅, 연설 등), 감정(기쁨, 엄숙함), 핵심 키워드
- **관리 정보**: 저작권 보유 여부, 사용 가능 기간, 보안 등급

이렇게 메타데이터가 체계적으로 입력되자 놀라운 변화가 일어났습니다. 이제 PD가 "2010년, 준공식, 회장님, 웃는 표정"이라고 입력하면, AI는 정확히 3초 만에 해당 장면이 포함된 클립을 찾아냅니다. 심지어 "여름 분위기가 나는 배경 음악"이나 "저작권 만료가 임박한 영상"처럼 추상적이거나 관리적인 조건으로도 자산을 즉시 찾아낼 수 있게 되었습니다. 죽어있던 데이터가 비로소 살아있는 자산으로 변한 것입니다.

◆ 메타데이터는 AI의 '내비게이션'

이런 원리는 비단 미디어 산업에만 적용되는 것이 아닙니다.

- **연구개발(R&D)**: 실험 데이터에 '온도', '압력', '사용 시약', '실험

자' 같은 메타데이터를 붙여두면, AI가 "과거에 온도 25도 조건에서 실패했던 실험 목록을 뽑아줘"라는 질문에 답할 수 있어 중복 연구를 막아줍니다.

- 이커머스: 상품 이미지에 '색상', '패턴', '계절감', '스타일(모던, 레트로)' 같은 태그를 달아두면, 고객이 "봄에 어울리는 노란색 꽃무늬 원피스 찾아줘"라고 했을 때 정확한 상품을 추천할 수 있습니다.

데이터를 단순히 저장하는 것을 넘어, '설명할 수 있는 상태'로 만드는 것. 그것이 바로 메타데이터 관리의 핵심입니다. 메타데이터가 충실할수록 AI는 더 똑똑해지고, 여러분의 비즈니스 인사이트는 더 깊어질 것입니다. "구슬이 서 말이라도 꿰어야 보배"라는 옛말은 AI 시대에 이렇게 바뀝니다. "데이터가 서 말이라도, 이름표가 있어야 보배다."

데이터 사용의 헌법, 데이터 거버넌스

마스터 데이터(MDM)로 기준을 잡고, 메타데이터로 이름표를 붙여 찾기 쉽게 만들었습니다. 이제 준비가 다 된 걸까요? 아직 가장 중요한 것이 남았습니다. 바로 '규칙'입니다.

데이터 거버넌스(Data Governance)는 기업 내 데이터의 소유권, 접근 권한, 품질 기준을 관리하는 체계입니다. 쉽게 말해 '데이터 사용의 헌법'이자 '교통 법규'입니다. 도로(인프라)가 아무리 넓고 차(AI)가 좋아도, 신호등과 차선이 없으면 도로는 곧 아수라장이 되고 맙니다. 데이터 세상도 마찬가지입니다. 거버넌스가 없으면 누구나 데이터를 제멋대로 수정하거나 삭제할 수 있어, 데이터의 신뢰성이 급격히 무너집니다.

◆ 왜 우리 회사는 회의 때마다 숫자가 다른가?

경영진이 데이터팀을 호출해 가장 많이 하는 불평은 "왜 영업팀 보고서와 재무팀 보고서의 매출 숫자가 다르냐"는 것입니다. 이것은 데이터 시스템의 오류가 아니라, '약속(Definition)'의 부재 때문에 발생합니다.

- **영업팀**: 계약서에 도장을 찍는 순간을 매출로 봅니다. (수주 기준)
- **재무팀**: 세금계산서를 발행하고 돈이 들어와야 매출로 잡습니다. (회계 기준)
- **물류팀**: 창고에서 물건이 출고되는 시점을 매출로 봅니다. (출고 기준)

사람끼리는 "아, 기준이 달라서 그렇군요"라고 해명하고 넘어갈 수 있습니다. 하지만 AI는 이를 이해하지 못합니다. 영업 데이터를 학습한 AI는 "매출 목표 달성!"이라고 예측하는데, 재무 데이터를 학습한 AI는 "자금 부족 경고"를 띄우는 황당한 상황이 벌어집니다. 결국 경영진은 "도대체 어느 AI 말을 믿어야 해?"라며 시스템 전체를 불신하게 됩니다.

이 문제를 해결하는 것이 거버넌스의 핵심 도구인 '표준 용어 사전'과 '데이터 카탈로그'입니다. "우리 회사에서 '매출'이란 세금계산서 발행 기준의 순매출(Net Revenue)을 의미한다"라고 헌법처럼 명시하고, 영업팀의 수주 금액은 '예상 매출'이라는 별도의 용어로 분리해 정의하는 것입니다. 이 약속이 시스템에 반영되어야만 전사적으로 동일한 숫자를 보며 대화할 수 있습니다.

 "그 데이터, 누가 지웠습니까?"

거버넌스의 또 다른 핵심 기능은 '책임(Ownership)'을 명확히 하는 것입니다. 데이터 품질에 문제가 생겼을 때 흔히 발생하는 '폭탄 돌리기' 시나리오를 보겠습니다.

어느 날, 마케팅 AI가 VIP 고객들에게 "신입 회원 환영 쿠폰"을 잘못 발송하는 사고가 터졌습니다. 원인을 파악해 보니, 고객 데이터베이스에서 VIP 고객들의 '가입일' 정보가 모두 '오늘 날짜'로 초기화되어 있었습니다.

- **마케팅팀**: "우리는 데이터 갖다 쓰기만 했는데요? IT팀이 관리하잖아요."
- **IT팀**: "우리는 서버만 관리합니다. 데이터 내용은 현업이 입력하죠."
- **영업팀**: "우리는 건드린 적 없는데요?"

책임자가 없으니 원인 규명도, 복구도 늦어집니다. 알고 보니 신입 사원이 엑셀 파일을 업로드하다가 실수로 덮어쓴 것이었습니다.

데이터 거버넌스가 갖춰진 조직에서는 이런 일이 발생할 수 없습니다. 모든 핵심 데이터에는 '데이터 오너(Data Owner)'와 '데이터 스튜어드(Data Steward)'라는 실명 책임자가 지정되어 있기 때문입니다. "고객 정보의 오너는 마케팅 본부장이고, 실무 관리자(스튜어드)는 CRM 팀장이다"라고 명시되어 있다면, 변경 권한은 이들에게만 부여됩니다. 아무나 데이터를 건드릴 수 없게 '잠금장치'를 걸고, 문제가 생기면 누가 해결해야 하는지 '비상 연락망'을 확립하는 것, 이것이 거버넌스입니다.

◆ 거버넌스는 '브레이크'가 아니라, 고속 주행을 위한 '가드레일'이다

많은 실무자가 거버넌스를 '귀찮은 결재 절차'나 '혁신을 막는 규제'로 오해합니다. 하지만 AI 시대의 거버넌스는 오히려 혁신을 가속화하는 안전판입니다.

개인정보보호법이나 저작권 이슈가 강화되면서, '데이터 사용의 합법성'을 증명하지 못하면 AI 프로젝트 자체가 중단될 수 있습니다. "이 데이터는 마케팅 동의를 받은 고객의 정보이므로 AI 학습에 써도 안전합니다"라고 보증해 주는 체계가 있어야, 실무자들도 법적 리스크 걱정 없이 마음껏 데이터를 활용할 수 있습니다.

결국 데이터 거버넌스는 '하지 마'를 외치는 규율이 아니라, '안전하게 마음껏 써'를 보장하는 자유의 기반입니다. 이 기반 위에서만 기업의 AI는 법적·윤리적 리스크라는 지뢰를 피해 빠르고 안전하게 달릴 수 있습니다.

인프라와 파이프라인
: AI가 달릴 도로

데이터라는 연료가 준비되었다면, 이제는 그 연료가 엔진(AI)까지 막힘없이 흘러갈 수 있는 파이프라인을 연결하고, AI 모델이 안전하게 구동될 수 있는 클라우드 환경을 구축해야 합니다.

과거에는 고성능 서버를 전산실에 직접 설치하는 것이 일반적이었지만, AI 시대에는 방대한 연산 자원을 유연하게 쓸 수 있는 클라우드가 필수가 되었습니다. 하지만 클라우드는 '쓰기 쉬운' 만큼 '망가지기도 쉬운' 양날의 검입니다. 아무런 준비 없이 클라우드를 도입했다가는 보안 사고나 요금 폭탄을 맞기 십상입니다. 이를 방지하기 위한 첫 단추, 클라우드 랜딩존부터 살펴보겠습니다.

AI를 위한 안전한 베이스캠프, 클라우드 랜딩존(Landing Zone)

AI 도입을 위해 클라우드를 쓰기로 결정했다면, 가장 먼저 마주하는 낯선 용어가 바로 랜딩존(Landing Zone)입니다. 이름만 들으면 비행기가 착륙하는 활주로 같지만, 클라우드 세계에서는 일종의 '입주 청소가 끝난 사무실' 혹은 '도시 계획이 완료된 부지'와 같습니다.

◆ 맨땅에 헤딩하지 마라

많은 기업이 클라우드 계정을 만들자마자 개발자들이 바로 접속해서 서버를 띄우고 코드를 짜게 합니다. 속도전처럼 보이지만, 이는 '허허벌판에 텐트부터 치는 격'입니다.

처음에는 괜찮아 보이지만, 프로젝트가 늘어나면 문제가 발생합니다. 누가 어떤 서버를 만들었는지 알 수 없고, 복잡한 네트워크 설정에 발목이 잡히며, 월말에는 감당 못 할 요금 고지서를 받게 됩니다. 건물을 짓기 전에 상하수도와 전기 배선을 깔고 구획을 정리하듯, 클라우드에서도 AI 프로젝트들이 즉시 뛰어놀 수 있는 기초 환경 설정이 선행되어야 합니다. 이것이 바로 '랜딩존'입니다.

◆ 랜딩존이 필요한 세 가지 이유

랜딩존을 구축해야 하는 이유는 단순히 '정리 정돈'을 위해서가 아닙니다. 기업의 리스크를 줄이고 개발 속도를 높이기 위한 필수 생존 전략입니다.

첫째, 보안 사고의 원천 봉쇄입니다. 개발자가 실수로 회사의 민감한 데이터를 외부에 공개하는 사고는 생각보다 빈번합니다. 랜딩존은 이런 실수를 시스템적으로 막습니다. "모든 데이터 저장소는 암호화한다", "외부 접속은 특정 IP에서만 허용한다" 같은 보안 정책을 중앙에서 강제로 적용해 두는 것입니다. 마치 건물의 모든 현관문에 튼튼한 도어락을 미리 설치해두는 것과 같습니다.

둘째, 비용의 통제입니다. AI 프로젝트는 고성능 GPU를 사용하기 때문에 잠깐만 켜둬도 비용이 눈덩이처럼 불어납니다. 랜딩존을 통해 부서별로 예산 한도를 설정하고, "퇴근 시간 이후 개발 서버 자동 종료" 같은 규칙을 만들어 놓으면 불필요한 예산 낭비를 막을 수 있습니다.

셋째, 확장성과 속도입니다. 처음에는 AI 프로젝트가 하나지만, 성공하면 수십 개로 늘어납니다. 그때마다 보안 설정과 네트워크 구성을 처음부터 다시 해야 한다면 엄청난 시간이 소요됩니다. 랜딩존이라는 '표준화된 템플릿'이 있으면, 새로운 프로젝트를 시작할 때마다 최적화된 환경을 복사해서 즉시 제공할 수 있습니다.

◆ 혁신을 위한 '전용 발사대(Launchpad)'

결국 클라우드 랜딩존은 AI 프로젝트의 속도를 늦추는 규제가 아니라, 복잡한 준비 과정을 생략하고 본론으로 직행하게 해주는 '전용 발사대(Launchpad)'입니다.

우주선이 성공적으로 날아오르기 위해서는 튼튼한 발사대가 필요하듯, AI 모델이 성공적으로 작동하려면 잘 닦인 인프라 환경이 필수적입니다. 랜딩존이라는 준비된 환경이 있어야, 기업은 인프라 구축이라는 지루한 작업에 시간을 뺏기지 않고, '비즈니스 혁신'이라는 본질적인 목표를 향해 곧바로 쏘아 올릴 수 있습니다.

데이터가 고이지 않고 흐르게 하는
데이터 파이프라인

AI를 사람의 뇌라고 한다면, 데이터 인프라는 몸속의 혈관과 같습니다. 아무리 뇌가 발달해도 혈액이 원활히 흐르지 않으면 정상적으로 기능할 수 없듯이, 기업의 데이터도 고여 있지 않고 끊임없이 흘러야 가치를 만듭니다.

데이터 파이프라인(Data Pipeline)은 데이터를 수집하고, 옮기고, 가공하는 과정을 자동화하는 시스템입니다. 수도관이 깨끗한 물을 집집마다 공급하듯, 파이프라인은 필요한 데이터를 정제하여 AI와 분석 시스템으로 실시간 공급해 줍니다.

◆ 수동 취합은 이제 그만! 엑셀 지옥에서의 탈출

많은 기업이 여전히 데이터를 '수동'으로 관리합니다. 담당자가 각 지점의 매출 엑셀 파일을 이메일로 받아, 하나하나 복사해서 붙여넣고, 이를 다시 정리해 보고서를 만듭니다.

이 방식은 치명적인 단점이 있습니다. 담당자가 휴가를 가거나 실수를 하면 전사 데이터가 멈추거나 오염됩니다. 보고가 하루만 늦어져도 경영진은 '어제'가 아닌 '그저께'의 데이터를 보고 의사결정을 내려야 합니다.

데이터 파이프라인을 구축한다는 것은 이 과정을 자동화하는 것입니다. 각 지점의 시스템에서 발생한 데이터가 사람의 손을 거치지 않고 중앙 서버로 즉시 전송되고, 자동으로 분류되어 경영진의 대시보드에 꽂히게 만드는 것입니다. 보고 시간은 며칠에서 몇 분으로 단축되고, 직원은 단순 반복 노동에서 해방되어 진짜 '분석'을 할 수 있게 됩니다.

◆ 요리법의 변화, ETL에서 ELT로

데이터를 처리하는 방식도 진화하고 있습니다. 과거에는 저장 공간이 비싸고 귀했기 때문에, 데이터를 추출(Extract)해서 필요한 형태로 변환(Transform)한 뒤에야 저장(Load)하는 ETL 방식을 썼습니다. 식재료를 사 오자마자 다 손질해서 냉장고에 넣는 것과 같습니다. 깔끔하지만, 나중에 다른 요리를 하려면 재료가 이미 손질되어 있어 곤란할 때가 많습니다.

하지만 클라우드 시대가 열리면서 ELT 방식이 대세가 되었습니다. 데이터를 일단 추출(Extract)해서 그대로 저장(Load)해 두고, 필요할 때마다 꺼내서 입맛대로 변환(Transform)하는 것입니다.

이 방식은 유연합니다. AI가 학습을 위해 원본 데이터 전체를 요구할 때도 있고, 재무팀이 요약된 데이터만 요구할 때도 있습니다. ELT 환경에서는 데이터를 미리 가공해 버리지 않고 원본(Raw Data)을 유지하므로, AI 프로젝트처럼 다양한 실험이 필요한 환경에 훨씬 적합합니다.

◆ 배치(Batch)와 실시간(Streaming) 처리로 예술적인 타이밍 찾기

데이터를 얼마나 자주 보낼 것인가도 중요한 전략입니다. 모든 데이터가 실시간일 필요는 없습니다.

- **배치 처리(Batch Processing)**: 데이터를 모아두었다가 하루에 한 번, 혹은 일주일에 한 번 처리하는 방식입니다. 월간 매출 집계나 재고 현황 파악처럼 전체적인 흐름을 볼 때 효율적입니다.

- **실시간 처리(Streaming Processing, Near Real-time)**: 데이터가 발생하는 즉시 처리하는 방식입니다. 금융 사기 탐지(FDS)나 공장 설비의 이상 감지처럼, 1분 1초가 급한 상황에서는 필수적입니다.

과거의 한 카드사는 배치 방식으로 데이터를 처리하다 보니, 고객 카드가 도난당해 부정 사용이 발생해도 다음 날이 되어서야 알 수 있었습니다. 하지만 실시간 파이프라인을 도입한 후에는, 평소와 다른 패턴의 결제가 일어나는 즉시 거래를 차단하고 고객에게 알림을 보낼 수 있게 되었습니다.

결국 데이터 파이프라인은 AI에게 '가장 신선한 재료'를 공급하는 생명선입니다. 고인 물은 썩지만 흐르는 물은 생명을 키우듯, 자동화된 파이프라인을 타고 흐르는 데이터만이 기업의 AI를 살아 숨 쉬게 만듭니다.

◆ 하늘과 땅을 잇는 다리
: 온프레미스와 클라우드의 연결(Hybrid)

현실적인 기업 환경을 들여다보면, 모든 시스템이 구름 위(클라우드)에 있지는 않습니다. 보안이 중요한 고객 원장이나 생산 설비 데이터는 여전히 회사 건물 지하의 전산실(온프레미스)에 묵직하게 자리 잡고 있습니다. 반면, 최신 AI 모델과 GPU 자원은 클라우드에 있습니다.

여기서 딜레마가 생깁니다. "데이터는 땅에 있고, AI는 하늘에 있는데 어떻게 만나게 할 것인가?"

과거에는 외장 하드디스크에 데이터를 담아 들고 나르거나, 밤새 파일을 전송하는 방식을 썼습니다. 하지만 이제는 '하이브리드 파이프라인'이 이 둘을 실시간으로 연결합니다. 전용선(Direct Connect)이나 VPN 같은 보안 터널을 뚫어, 사내 서버에 데이터가 생성되는 즉시 클라우드 데이터 레이크로 복제되도록 만드는 것입니다.

제조 기업의 예를 들어보겠습니다. 공장 설비(온프레미스)에서 1초마다 쏟아지는 센서 데이터를 클라우드로 실시간 전송합니다. 클라우드의 AI는 이 데이터를 분석해 고장 징후를 찾아내고, 다시 공장 관리자의 태블릿으로 경고를 보냅니다. 땅의 데이터와 하늘의 지능이 파이프라인을 통해 한 몸처럼 움직이는 것입니다.

이 연결이 끊기면 AI는 현실과 동떨어진 탁상공론만 하게 됩니다. 따라서 온프레미스와 클라우드 사이의 '안전하고 빠른 다리'를 놓는 것이야말로 데이터 파이프라인 구축에 방점을 찍는 일이라 할 수 있습니다.

플랫폼과 시각화
: AI를 다루는 작업장과 계기판

깨끗한 연료(데이터)와 잘 닦인 도로(인프라)가 준비되었습니다. 이제 필요한 것은 무엇일까요? 바로 최고의 엔진을 만들어낼 '최첨단 공장'과, 운전자가 현재 속도와 위험을 한눈에 파악할 수 있는 '계기판'입니다.

과거에는 뛰어난 장인(데이터 과학자) 한 명이 수작업으로 AI 모델을 만들었습니다. 하지만 이제 AI는 실험실을 벗어나 비즈니스 현장에서 24시간 돌아가야 합니다. 이를 위해서는 개인의 능력에 의존하는 것이 아니라, 시스템에 의해 AI가 지속적으로 생산되고 관리되는 체계가 필요합니다. 이 장에서는 AI를 만드는 공장인 '플랫폼'과, AI의 성과를 눈으로 확인하는 '시각화(BI)' 도구에 대해 알아보겠습니다.

MLOps를 실현하는 '스마트 팩토리', AI 플랫폼

많은 기업이 AI 도입 초기에는 "똑똑한 박사(데이터 과학자) 몇 명 데려와서 노트북 사주면 되는 거 아니야?"라고 생각합니다. 이를 AI 개발의 '가내 수공업' 단계라고 부릅니다.

하지만 이 방식은 연구실 안에서는 통할지 몰라도, 비즈니스 현장에서는 곧장 벽에 부딪힙니다. MLOps라는 자동화 시스템 없이 AI를 운영할 때 기업이 겪게 되는 대표적인 '세 가지 비극'을 먼저 살펴보겠습니다.

◆ MLOps가 없을 때 벌어지는 비극

첫째, "제 PC에서는 잘 되는데요?"의 늪입니다. 데이터 과학자가 최신형 맥북에서 모델을 개발할 때는 완벽하게 작동했습니다. 그런데 이를 실제 서비스 서버(운영 환경)에 올리자마자 에러가 발생하며 멈춰버립니다. 개발자의 PC와 회사의 서버 환경(라이브러리 버전, OS 설정 등)이 미세하게 다르기 때문입니다. 운영팀은 "코드가 이상하다"고 하고, 개발팀은 "서버가 문제다"라며 서로 책임을 미루는 사이, 아까운 시간만 흘러갑니다.

둘째, "김 박사가 퇴사하니 AI가 멈췄다"는 블랙박스 현상입니다. 모델을 만든 핵심 인력이 퇴사하는 순간, 그 AI는 아무도 건드릴 수 없는 시한폭탄이 됩니다. MLOps 없이 수작업으로 만든 모델은 '어떤 데이터를 썼는지', '어떤 파라미터를 조정했는지'에 대한 기록이 개인의 머릿속이나 개인 PC 폴더에만 남아 있기 때문입니다. 후임자가 오더라도 이 모델을 수정하거나 개선할 방법이 없어, 결국 멀쩡한 모델을 폐기하고 처음부터 다시 만들어야 하는 낭비가 발생합니다.

셋째, "성능이 떨어졌는데 아무도 모른다"는 침묵의 실패입니다. AI 모델은 배포된 순간부터 늙기 시작합니다. 시장 트렌드가 바뀌고 고객 행동이 변하기 때문입니다(데이터 드리프트). 하지만 자동화된 모니터링 체계가 없으면, 추천 정확도가 90%에서 60%로 떨어져 매출에 타격을 주고 있는데도 아무도 눈치채지 못합니다. 고객들이 불만을 터뜨린 후에야 부랴부랴 원인을 찾기 시작하는 사후약방문 식 대응만 하게 됩니다.

이러한 비극을 막고, AI를 시스템으로 관리하기 위해 등장한 해결책이 바로 MLOps(Machine Learning Operations)입니다.

◆ MLOps란 무엇인가: DevOps에 '학습'을 더하다

소프트웨어 개발 분야에는 개발(Dev)과 운영(Ops)을 하나의 팀처럼 긴밀하게 연결하는 'DevOps(데브옵스)'라는 문화가 있습니다. MLOps는 여기에 '머신러닝(ML)'의 특수성을 더한 것입니다.

일반 소프트웨어는 코드를 짜서 배포하면, 버그가 없는 한 1년 뒤에도 똑같이 작동합니다. 하지만 AI 모델은 다릅니다. AI 모델에는 '유통기한'이 있습니다. 배포되는 순간부터 성능이 조금씩 떨어지기 시작합니다.

따라서 MLOps는 단순히 모델을 만드는 것을 넘어, "모델을 지속적으로 재학습시키고 최신 상태로 유지하는 자동화된 공장"을 짓는 것을 의미합니다.

◆ 핵심 엔진: CI, CD, 그리고 CT

MLOps가 작동하는 방식은 크게 세 가지 엔진으로 설명할 수 있습니다. 기존 소프트웨어 개발의 CI/CD에 CT(Continuous Training, 지속적 학습)가 추가된 것이 결정적인 차이입니다.

- 지속적 통합(CI, Continuous Integration): 여러 명의 개발자가

 ••우리 회사 AI 전환, 어떻게 시작할까?

짠 코드를 매일 자동으로 합치고, 에러가 없는지 테스트하는 과정입니다. "부품이 규격에 맞는지 매일 검사하는 것"과 같습니다.

- 지속적 배포(CD, Continuous Deployment): 테스트를 통과한 모델을 실제 서비스 서버에 자동으로 올리는 과정입니다. 버튼 하나로 전 세계 사용자에게 최신 AI를 제공합니다.

- 지속적 학습(CT, Continuous Training): (가장 중요) 새로운 데이터가 들어오면 AI가 이를 스스로 공부해서 성능을 업데이트하는 과정입니다. MLOps의 심장과도 같은 기능입니다.

◆ '이어달리기'가 아니라 '오케스트라'처럼

과거의 AI 개발은 '이어달리기'였습니다. 데이터 과학자가 모델 코드를 짜서 이메일이나 USB로 넘겨주면, 운영 엔지니어가 그걸 받아서 서버에 설치하는 식이었습니다. 바통을 넘기는 순간마다 "파일이 안 열리는데요?", "버전이 안 맞는데요?" 하며 멈추기 일쑤였습니다.

하지만 MLOps가 도입된 환경에서는 모든 팀원이 하나의 플랫폼 위에서 실시간으로 악기를 연주하는 '오케스트라'처럼 움직입니다. 온라인 쇼핑몰의 '상품 추천 AI 업데이트' 상황을 예로 들어보겠습니다.

① 데이터 과학자(모델 설계): "이번엔 최근 3일간의 클릭 데이터를 더 많이 반영하도록 알고리즘을 수정했습니다."라며 코드를 플랫폼(Git)에 올립니다.

② 데이터 엔지니어(파이프라인): 과학자가 코드를 올리는 즉시, 엔지니어가 미리 구축해 둔 데이터 파이프라인이 작동합니다. "최신 클릭 데이터 100만 건을 자동으로 추출해서 과학자의 모델에 주입합니다."

③ ML 엔지니어(자동화): 이 모든 과정이 오류 없이 돌아가는지 테스트합니다. "코드 문법 검사 통과, 데이터 정합성 통과, 모의 테스트 결과 정확도 92% 달성. 이상 없음."

④ 서비스 운영자(배포 승인): 테스트 결과 리포트가 자동으로 대시보드에 뜹니다. 운영자는 수치를 확인하고 '승인' 버튼만 누르면, 새로운 모델이 쇼핑몰 앱에 즉시 적용됩니다.

이 모든 과정에서 누구도 파일을 복사해서 전달하거나, 수동으로 서버를 껐다 켜지 않습니다. 각자 맡은 부분만 작업하면, MLOps 플랫폼이 이를 하나로 묶어 지휘자처럼 조율합니다. 덕분에 수십 명이 함께 일해도 손발이 척척 맞는 '고속 협업'이 가능해집니다.

◆ 사람에 의존하지 않는 시스템의 힘

MLOps 플랫폼을 도입한다는 것은 '개인의 기량(개인기)'을 '시스템의 역량'으로 바꾸는 투자입니다.

과거에는 데이터 과학자가 데이터를 추출하고, 학습시키고, 서버에 올리는 단순 반복 작업에 업무 시간의 상당 부분을 썼습니다. 하지만 플랫폼이 도입되면 이 과정이 자동화되어, 개발자는 더 창의적인 모델 설계와 알고리즘 개선에 집중할 수 있습니다. 또한, 담당자가 바뀌어도 시스템에 모든 학습 기록과 노하우가 저장되어 있어 업무 연속성이 보장됩니다.

결국 AI 플랫폼과 MLOps는 선택이 아니라, AI를 일회용 실험 도구가 아닌 '지속 가능한 비즈니스 자산'으로 만들기 위한 필수 기반입니다.

시각화(BI)로 의사결정의 속도를 높이다

최고의 F1 레이싱카에 800마력 엔진(AI)과 최고급 연료(데이터)가 채워져 있어도, 운전석에 계기판이 없다면 드라이버는 달릴 수 없습니다. 현재 속도가 얼마인지, 연료는 얼마나 남았는지, 엔진 온도는 정상인지를 한눈에 볼 수 있어야, 0.1초의 찰나에 핸들을 꺾을지 브레이크를 밟을지 결정할 수 있기 때문입니다.

기업 경영도 마찬가지입니다. AI 모델이 수백만 건의 데이터를 분석해 "이탈 확률 0.87"이라는 숫자를 내놓아도, 마케터가 그 숫자의 의미를 직관적으로 이해하지 못하면 아무런 행동도 일어나지 않습니다. '구슬이 서 말이라도 꿰어야 보배'라는 속담처럼, 분석 결과는 활용될 때 비로소 가치를 지닙니다.

비즈니스 인텔리전스(BI, Business Intelligence) 도구는 흩어진 데이터를 수집·통합하여 경영진과 실무자가 즉시 이해할 수 있는 '살아있는 그림(시각화)'으로 바꿔주는 연결 고리입니다. 단순한 보고서 자동화를 넘어, 문제를 진단하고 미래 전략을 수립하는 '비즈니스 계기판'으로서의 BI 역할을 5가지 핵심 가치로 살펴보겠습니다.

◆ 첫째, '부검'하지 말고 '진찰'하라: 통합 데이터의 실시간 모니터링

과거의 데이터 분석은 '부검(Autopsy)'과 같았습니다. 월말이 되면 재무팀과 전략팀이 지난달 데이터를 엑셀로 취합하고 PPT로 만드는 데 며칠을 보냈습니다. 경영진은 이미 한 달이나 지난 '사망 진단서'를 보며 "지난달엔 왜 실적이 떨어졌나?"를 논의했죠. 이미 버스는 떠난 뒤입니다.

하지만 AI 시대로 넘어오면서 기업 내부에는 로그, 예측 결과,

사용자 행동 데이터 등 다양한 시스템에서 방대한 데이터가 실시간으로 쏟아집니다. 데이터가 분산되어 있으면 이상 징후를 감지하거나 대응하는 속도가 늦어질 수밖에 없습니다.

BI는 이처럼 분산된 데이터를 하나로 통합해 '실시간 진찰'을 가능하게 합니다. Tableau, Power BI, Qlik Sense 같은 도구로 구축된 대시보드(Dashboard)는 24시간 살아 움직입니다. "지금 이 순간" AI 예측 정확도가 갑자기 하락하거나 시스템 사용량이 급증하는 이상 징후를 실시간으로 포착해 시각적으로 보여줍니다. 덕분에 담당자는 보고서를 쓰느라 시간을 허비하는 대신, 대시보드의 빨간불을 보고 즉시 문제를 해결하는 데 집중할 수 있습니다.

◆ 둘째, AI를 감시하는 눈: 성능 분석과 오류 시각화

AI는 완벽하지 않습니다. 특정 시간대에 예측이 빗나가거나, 특정 고객군에 대한 추천 실패율이 높아질 수 있습니다. 과거에는 데이터 과학자가 복잡한 로그를 뒤져가며 원인을 찾아야 했지만, 이제는 BI가 AI의 성능 상태를 누구나 알기 쉽게 시각적으로 보여줍니다.

예를 들어, 예측 정확도나 오차 분포를 히트맵(Heatmap)이나 분산형 차트(Scatter Plot)로 시각화하면, "어떤 조건에서 AI가 실수를 하는지"를 비개발자인 현업 담당자도 직관적으로 파악할 수 있습니다. 특정 시간대에 예측 오류가 집중되거나, 특정 연령대 고객에게 추천 실패가 잦다는 패턴을 시각적으로 발견하면, 모델의 개선 방향을 신속하게 설정할 수 있습니다.

이처럼 BI는 AI 시스템의 '블랙박스'를 투명하게 들여다보는 창문 역할을 합니다. 시스템의 신뢰도를 높이고 고객 불만을 사전에 차단하기 위해서는, AI 모델 자체만큼이나 전통적인 분석 BI(Power BI, Tableau)를 넘어, AI 운영 상태를 상시 감시하는 시각화 도구(Looker, Sisense 등)의 역할이 필수적입니다.

◆ 셋째, 백미러가 아닌 내비게이션을 보라: KPI 추적과 트렌드 분석

기존의 BI가 "지난달 매출은 100억 원이었습니다"라는 과거(Descriptive)를 보여줬다면, AI가 결합된 차세대 BI는 시계열 데이터 분석을 통해 미래(Predictive)의 흐름을 보여줍니다.

경영진은 BI 대시보드에서 KPI의 현재 수치뿐만 아니라, 목표 대비 달성률과 향후 예측 트렌드까지 한눈에 확인할 수 있습니다. 단순히 숫자를 나열하는 표가 아니라, 목표선이 그려진 그래프를 통해 "현재 속도라면 연말 목표 달성이 어렵다"는 사실을 직관적으로 인지하게 됩니다.

또한, 단기적인 데이터 변동에 일희일비하는 것이 아니라, 장기적인 시계열 트렌드를 시각화하여 실적 상승이 일시적인지 구조적인 변화인지 구분할 수 있습니다. 이를 통해 경영진은 "다음 분기에는 어떤 전략을 세워야 할지" 선제적인 의사결정을 내릴 수 있게 됩니다.

◆ 넷째, 데이터 위에서 대화하다: 협업과 커뮤니케이션의 도구

BI는 조직의 소통 방식을 근본적으로 바꿉니다. 엑셀 파일이나 텍스트 보고서는 해석의 여지가 많아 불필요한 논쟁을 낳곤 했습니다. "이 숫자가 맞나요?", "어떤 기준으로 뽑은 건가요?" 같은 소모적인 대화가 오갑니다.

하지만 시각화된 차트는 명확합니다. 회의실 화면에 띄워진 BI 대시보드를 보며 "여기서 왜 수치가 튀었을까요?"라고 묻고, 그 자리에서 데이터를 필터링해 원인을 파악합니다. 모두가 '같은 그림'을 보며 논의하기 때문에 의사소통의 오류가 줄어들고 협업 속도가 빨라집니다. 최신 BI 도구들은 대시보드에 직접 댓글을 달거나 팀원에게 공유하는 기능을 제공하여, 데이터에 기반한 논의가 실시간으로 이루어지도록 돕습니다.

◆ 다섯째, 데이터의 민주화: 누구나 분석가가 되는 세상

BI 도입이 가져오는 가장 큰 변화는 바로 '데이터의 민주화(Data Democratization)'입니다. 과거에는 "A제품의 30대 여성 구매 추이 좀 뽑아줘"라고 IT팀이나 데이터팀에 요청하면, SQL 쿼리를 짤 줄 아는 전문가가 데이터를 추출해 3일 뒤에나 엑셀 파일을 던져주곤 했습니다. 데이터 분석은 소수 전문가의 전유물이었습니다.

하지만 최신 BI 도구들은 코딩을 몰라도 "Drag & Drop"만으로 누구나 원하는 차트를 그릴 수 있게 해줍니다. 영업 팀장은 스스로 지역별 실적을 비교해 보고, 마케터는 캠페인 반응률을 요일별로 쪼개서 봅니다. 분석의 병목(Bottleneck)이 사라지면, 조직 전체의 지능(Intelligence)이 높아집니다.

특정 전문가의 손을 거치지 않고도 현업 실무자가 직접 데이터를 탐색하고 인사이트를 얻는 세상, 이것이 데이터 민주화의 핵심이며 BI가 완성하는 조직 문화의 미래입니다.

보안과 사람
: 안전하고 지속 가능한 AI를 위하여

우리는 지금까지 AI를 더 잘, 더 빨리 쓰기 위한 방법들을 이야기했습니다. 하지만 레이싱 경기에서 가장 중요한 기술은 '가속'이 아니라 '제동'입니다. 300km로 달릴 수 있는 차라도, 멈추고 싶을 때 멈출 수 없다면 그것은 흉기일 뿐입니다.

기업의 AI도 마찬가지입니다. 데이터가 유출되거나, AI가 편향된 판단을 내려 고객에게 피해를 준다면, 그동안 쌓아올린 브랜드 신뢰는 하루아침에 무너집니다. 이번 장의 마지막 파트에서는 AI라는 강력한 힘을 통제하기 위한 '기술적 안전장치(보안)'와 '정신적 안전장치(문화)'에 대해 다룹니다.

AI를 통제할 수 있는가

많은 기업이 AI 도입 초기, 보안팀의 반대로 난관에 부딪힙니다. 사내 곳곳에는 "ChatGPT 사용 금지"라는 공지문이 붙습니다. 회사의 기밀 정보가 외부 AI 서버로 넘어가 학습되는 것을 막기 위한 조치입니다.

하지만 실제 현장을 들여다보면 사정은 다릅니다. 마케팅 직원은 기획안을 다듬기 위해 개인 스마트폰으로 ChatGPT를 쓰고, 개발자는 코드 오류를 잡기 위해 집에서 Claude를 씁니다. 회사 입장에서는 막았다고 생각하지만, 직원들은 이미 '몰래' 쓰고 있는 것입니다. 이를 '섀도우 AI(Shadow AI)'라고 부릅니다.

이것이 가장 위험한 상황입니다. 통제되지 않은 채 음지에서 사용되면, 어떤 정보가 밖으로 나갔는지, 어떤 데이터가 오염되었는지 아무도 알수 없게 됩니다. 이제 보안의 패러다임은 "무조건 막는 것(Blocking)"에서 "안전하게 쓰게 하는 것(Safe Usage)"으로 바뀌어야 합니다.

◆ '들어오는 것'보다 '나가는 것'을 막아라

기존의 보안이 해커가 침입하지 못하게 방화벽을 세우는 '수비' 중심이었다면, AI 시대의 보안은 우리 데이터가 밖으로 새 나가지 않게 하는 '단속'이 핵심입니다.

가장 현실적인 대안은 '내부망 전용 AI(Private AI)'를 구축하거나, 외부 AI를 쓰더라도 데이터가 학습되지 않도록 설정된 '기업용 엔터프라이즈 계정'을 지급하는 것입니다.

한 제조 기업은 "외부 AI 금지"를 외치는 대신, 사내 서버에 오픈소스 LLM을 설치해 '사내 전용 챗봇'을 만들었습니다. 성능은 ChatGPT보다 조금 떨어질지라도, 직원들은 "여기 입력한 데이터는 절대 밖으로 나가지 않는다"는 안심을 얻었고, 음성적으로 쓰던 외부 AI 사용을 멈췄습니다. 보안은 금지가 아니라 '안전한 대안'을 줄 때 비로소 지켜집니다.

◆ 편향이라는 이름의 지뢰: 아마존의 채용 AI 사례

보안이 '데이터를 지키는 문제'라면, 윤리는 '회사의 가치를 지키는 문제'입니다. AI는 데이터를 있는 그대로 학습하기 때문에, 데이터에 숨어 있는 인간의 편견까지 그대로 흡수합니다.

아마존은 과거 AI 채용 시스템을 개발했다가 폐기한 적이 있습니다. 과거 10년 치 이력서를 학습시켰더니, AI가 "남성 지원자가 더 유능하다"라고 잘못된 결론을 내리고 여성 지원자를 감점 처리했기 때문입니다. 이는 기술적 오류가 아니라, 과거 IT 업계에 남성 중심적인 채용 데이터가 많았던 현실을 AI가 편향되게 학습한 결과였습니다.

이 사건이 주는 교훈은 명확합니다. AI의 판단 실수는 단순히 "기계가 틀렸다"로 끝나지 않고, "이 회사는 차별을 하는 회사다"라는 치명적인 브랜드 리스크로 돌아옵니다. 따라서 기업은 AI를 배포하기 전에 '윤리적 필터'를 반드시 거쳐야 합니다.

◆ 사고 터지고 막으면 늦는다: Risk by Design

AI 리스크 관리는 사후 대응이 아니라, 설계 단계부터 포함되어야 합니다. 이를 '설계에 의한 리스크 관리(Risk Management by Design)'라고 합니다.

건물을 지을 때 스프링클러와 비상구를 설계도에 미리 넣듯이, AI 프로젝트를 기획할 때부터 다음 5가지 질문을 던지고 답을 마련해야 합니다.

① 우리 회사의 AI는 어떤 데이터를 학습하고 있는가? (저작권/개인정보 확인)

② 직원들이 쓰는 AI 서비스로 무엇이 나가고 있는가? (데이터 유출 통제)

③ AI가 편향되거나 잘못된 판단을 내릴 때, 누가 책임지는가? (책임 소재)

④ 우리 회사에는 AI 윤리 가이드라인이 존재하는가? (기준 마련)

⑤ 이 모든 것을 감시할 전담 조직이나 담당자가 있는가? (거버넌스)

이 질문에 답할 수 없다면, 그 회사의 AI는 언제 터질지 모르는 시한폭탄을 안고 달리는 것과 같습니다. 안전장치가 마련될 때, 비로소 기업은 브레이크 걱정 없이 액셀을 밟을 수 있습니다.

▌도구가 아니라 습관을 바꿔라

AI 전환(AX)은 기술을 도입하는 프로젝트가 아닙니다. 그것은 조직의 일하는 방식과 문화를 바꾸는 긴 여정입니다. 기술은 돈만 주면 살 수 있지만, 문화는 돈으로 살 수 없기에 가장 어렵습니다.

많은 기업이 "우리도 AI를 씁시다"라고 선언하지만, 정작 회의실 풍경은 그대로입니다. 여전히 목소리 큰 임원의 '감(感)'으로 의사결정을 내리고, 실패를 두려워해 아무도 새로운 시도를 하지 않습니다. AI가 살아 숨 쉬는 조직을 만들기 위해서는, 거창한 구호 대신 '세 가지 습관'을 바꿔야 합니다.

◆ 첫째, "내 감(感)으로는…" 대신 "데이터를 보니…"

가장 먼저 바꿔야 할 것은 '말하는 습관'입니다. 리더의 질문 하나가 조직의 문화를 결정합니다. 회의 시간에 임원이 "내 경험상 이게 맞다"라고 말하는 순간, AI와 데이터는 설 자리를 잃습니다.

대신 "그 주장을 뒷받침하는 데이터가 있습니까?" 혹은 "AI 예측 모델은 뭐라고 합니까?"라고 물어야 합니다. 이 질문이 반복되면, 직원들은 보고서를 쓸 때 직관이 아닌 데이터를 찾게 됩니다.

회의 시작 시 데이터 및 메트릭을 먼저 점검하는 것은 회의 생산성과 의사결정의 질을 높이는 권장 실천 사례로 여겨지고 있습니다. 말로 떠들기 전에, 대시보드에 띄워진 실적 현황과 AI 예측치를 다 같이 확인하고 논의를 시작하는 것입니다. 데이터를 보고 이야기하는 습관이 정착될 때, AI는 비로소 '참고 자료'가 아닌 '의사결정의 파트너'가 됩니다.

◆ 둘째, 실패를 탓하지 말고 기록하라

AI 프로젝트는 본질적으로 '실험'입니다. 100% 성공을 보장하는 AI는 없습니다. 하지만 많은 기업 문화는 실패를 용납하지 않습니다. "돈을 얼마를 썼는데 결과가 이것뿐인가?"라고 질책하면, 직원들은 실패하지 않을 안전한 과제만 골라서 하게 되고, 혁신은 멈춥니다.

AI를 잘하는 조직은 실패를 장려합니다. 단, 조건이 있습니다. "실패해도 좋다. 하지만 실패의 원인과 교훈을 데이터로 남겨라."

모델의 정확도가 낮게 나왔다면, 그 데이터와 파라미터 기록은 다음 모델을 성공시키기 위한 가장 귀중한 자산이 됩니다. 실패를 숨기지 않고 공유하며, '학습의 과정'으로 인정해 주는 심리적 안전감이 있을 때, 직원들은 두려움 없이 AI라는 낯선 도구를 잡고 실험에 나설 수 있습니다.

◆ **셋째, 기술이 아닌 태도: AI 리터러시와 일하는 방식의 전환**

마지막으로 강조하고 싶은 것은 특정 기술이 아니라 배움의 습관과 태도입니다. 전사적 AI 교육을 한다고 하면 흔히 파이썬 코딩이나 알고리즘 이론부터 떠올립니다. 그러나 영업 팀장이나 인사 담당자, 재무 실무자에게 당장 필요한 것은 코딩 기술이 아닙니다. 이들에게 더 중요한 것은 AI를 어떻게 이해하고, 어떻게 활용하려는가에 대한 기본적인 관점, 즉 AI 리터러시입니다.

AI 리터러시는 단순한 도구 사용법을 의미하지 않습니다. AI가 무엇을 잘하고 무엇을 잘하지 못하는지, 어떤 문제에 강하고 어떤 판단에는 여전히 사람의 개입이 필요한지에 대한 감각을 갖는 것입니다. 동시에, 지금까지 사람 중심으로 설계되어 온 자신의 업무 방식을 AI와 함께 다시 바라보고 조정할 수 있는 사고의 전환을 포함합니다.

이를 위해서는 무엇보다 AI를 적극적으로 활용해 보려는 마인드셋이 선행되어야 합니다. "AI가 내 일자리를 빼앗을지도 모른다"는 막연한 불안에 머무르기보다, "AI를 활용해 내 일을 더 잘하고, 더 빠르게, 더 여유 있게 해낼 수 있다"는 방향으로 관점을 전환해야 합니다. 이 인식의 변화가 이루어지지 않으면, 어떤 교육도 형식적인 이벤트에 그치기 쉽습니다.

물론 이 전환은 처음부터 편하지 않습니다. AI를 활용하려다 보면 오히려 시간이 더 걸릴 수도 있고, 익숙하던 업무 흐름을 바꾸는 과정에서 불편함을 느낄 수도 있습니다. 그러나 이 초기 단계를 넘지 못하면 조직은 다음 단계로 나아갈 수 없습니다. 교육의 목적은 단기간의 성과를 강요하는 것이 아니라, 처음에는 시간이 들더라도 배우는 데 투자하고, 일하는 방식을 점진적으로 바꾸도록 돕는 데 있어야 합니다.

이 과정에서 구성원들은 점차 지식을 소비하는 사람에서, AI를 활용해 지식을 획득하고 정리하며 확장하는 Knowledge Worker로 변화하게 됩니다. 더 나아가 반복적이고 규칙이 명확한 업무를 AI로 일부 자동화하고, 본인은 판단과 조정, 예외 대응에 집중하는 Smart Worker로 성장할 수 있습니다. 이 두 단계는 분리된 목표가 아니라, 하나의 연속적인 진화 과정입니다.

여기서 또 하나 중요한 변화는 일의 주도권에 대한 인식 전환입니다. 많은 조직에서는 새로운 아이디어나 자동화 요구가 생기면 이를 곧바로 IT나 데이터 담당 부서에 의뢰하는 데 익숙합니다. 물론 전사적 시스템 구축이나 복잡한 통합이 필요한 과제는 전문 부서의 역할이 필수적입니다. 그러나 모든 일을 그렇게 시작할 필요는 없습니다.

AI 시대에는 간단한 분석, 초안 작성, 반복 업무의 보조 정도는 각자가 직접 시도해 보려는 자세가 중요합니다. "이건 시스템으로 만들어 달라"고 요청하기 전에, "AI로 내가 먼저 해볼 수는 없을까"를 한 번 더 고민해 보는 태도가 조직의 학습 속도를 크게 좌우합니다. 직접 써본 경험이 있어야 무엇이 가능한지, 무엇이 한계인지 감을 잡을 수 있고, 그 경험이 쌓일수록 담당 부서와의 협업도 훨씬 구체적이고 생산적으로 바뀝니다.

이러한 직접적인 시도와 작은 실험의 축적은 Knowledge Worker로의 전환을 가속화하고, 나아가 Smart Worker로 성장하는 중요한 발판이 됩니다. 조직은 이를 개인의 열정이나 부담에만 맡겨서는 안 됩니다.

구성원의 역할과 수준에 맞게 AI 활용 역량을 단계적으로 키울 수 있도록 교육과 도구, 실험 환경을 함께 제공해야 합니다. 모든 직원이 같은 속도로, 같은 수준까지 갈 필요는 없지만, 각자의 위치에서 AI를 활용해 업무 방식을 개선할 수 있도록 지원하는 것은 조직의 책임입니다.

결국 AI 교육의 목표는 특정 기술을 익히는 데 있지 않습니다. AI를 활용해 일을 다시 생각하고, 더 나은 방식으로 설계하며, 지속적으로 학습하는 조직을 만드는 것, 그 기반을 다지는 데 있습니다. 이 토대 위에서만 AI는 일시적인 유행이 아니라, 조직의 경쟁력을 만들어내는 실질적인 동반자가 될 수 있습니다.

제8장

협력으로 완성되는 AI 전환

: 누구와, 어떻게 할 것인가

혼자 가는 AI 전환은 없다
: '갑을 관계'를 넘어 '동반자'로

AI 도입을 흔히 '건물 짓기'에 비유하곤 합니다. 설계도를 그리듯 계획하고, 최저가에 입찰한 시공사를 선정해 건물을 올리면 끝나는 공사라고 생각하기 쉽습니다. 하지만 현장에서 겪어본 AI 전환은 건축보다는 '아이를 키우는 육아'나 '식물을 가꾸는 과정'에 훨씬 가깝습니다.

건물은 완공되면 시공사가 떠나도 문제가 없지만, AI는 '한 번 구축하면 끝나는 시스템'이 아니라 '지속적으로 학습하고 진화해야 하는 시스템'이기 때문입니다.

많은 기업이 범하는 치명적인 실수가 바로 여기서 발생합니다. 외부 업체를 선정할 때, 여전히 전통적인 '갑을 관계'의 시각으로 접근하여 단순히 계약 금액이 적은 업체를 선정하는 것입니다. "기능은 똑같은데 더 싼 곳에 맡기자"는 식입니다.

하지만 AI 프로젝트에서 '싼 게 비지떡'인 경우는 너무나 많습니다. 저가로 수주한 업체는 구축까지는 어찌어찌 해줄 수 있을지는 몰라도, 그 이후에 닥쳐올 운영, 튜닝, 재학습, 보안 관리 같은 고난도 과제는 감당하지 못하고 떠나버리기 십상입니다. 결국 남겨진 것은 멍청해진 AI와 이를 감당하지 못하는 내부 직원들뿐이며, 이는 곧 프로젝트의 실패로 이어집니다.

예를 들어, 생성형 AI를 고객 응대에 도입한다고 가정해 봅시다. 초기 구축은 누구나 할 수 있습니다. 하지만 시간이 지나 데이터가 쌓이고, 고객의 질문 패턴이 바뀌고, 새로운 윤리 이슈가 발생했을 때, 이를 해결하려면 단순 개발자가 아닌 데이터 엔지니어, 모델러, 도메인 전문가의 역량이 총동원되어야 합니다. 단순히 '납품'만 하고 떠나는 업체는 이 문제를 해결해 줄 수 없습니다.

따라서 이제는 외부 파트너를 바라보는 관점을 완전히 바꿔야 합니다. 단순히 개발(Development)만 대행해 주는 '외주 업체'가 아니라, 기획부터 설계, 구축, 개발, 그리고 가장 중요한 운영과 이후의 개선까지, 전체 과정을 함께 고민하는 '지속적인 파트너'로 인식해야 합니다.

AI 전환은 내부 중심의 폐쇄적인 구조가 아니라 '개방형 협력 구조'로 설계되어야 합니다. 학습 데이터 관리, 모델 운영, 성능 검증, 윤리 기준 수립 등 각 단계마다 외부 전문기관과 유연하게 손을 잡아야 합니다.

이때의 협업은 단순한 하청이 아닙니다. 파트너의 전문성을 흡수하여 우리 회사의 AI 역량을 빠르게 내재화하는 가장 현실적인 학습 과정입니다. 이들은 우리 회사의 AI라는 아이를 건강하게 함께 키워줄 선생님이자 주치의입니다.

결국 AI 시대의 경쟁력은 기술 그 자체보다, 얼마나 신뢰할 수 있는 파트너와 깊이 있게 결합하느냐에 달려 있습니다. 혼자서 모든 걸 만들던 시대, 최저가로 업체를 부리던 시대는 끝났습니다. 이제는 '함께 학습하고 성장하는 동반자'를 가진 조직만이 시장을 선도합니다.

전략·거버넌스 파트너
: 방향을 함께 설계하는 동반자

AI 전환을 결심한 경영진이 가장 먼저 저지르는 실수는 '도구'부터 쇼핑하는 것입니다. "요즘 ChatGPT가 뜬다는데 우리도 계정 몇 개 사볼까?", "경쟁사가 A솔루션을 쓴다는데 우리도 도입하자"라는 식입니다. 하지만 이는 설계도 없이 벽돌부터 쌓는 것과 같습니다.

기술을 선택하기 전에 선행되어야 할 질문은 '이 기술을 왜 쓰는가?', '어디에 적용해서 어떤 가치를 얻을 것인가?', '법적·윤리적 리스크는 없는가?'입니다. 이 답을 찾지 못하면 비싼 AI를 도입하고도 장난감처럼 쓰다가 버리게 됩니다.

바로 이 단계에서 필요한 것이 전략·거버넌스 파트너입니다. 이들은 AI 기술을 파는 사람이 아닙니다. AI를 통해 우리 회사의 비즈니스 모델과 일하는 방식을 어떻게 바꿀지 함께 고민하는 '설계자(Architect)'입니다.

왜 전략 파트너가 필요한가?

PwC, EY, KPMG, Deloitte 같은 글로벌 컨설팅사들은 이미 전 세계 수많은 기업의 AI 전환을 도우며 검증된 방법론을 가지고 있습니다. 이들은 AI를 단순한 IT 프로젝트가 아닌 '경영 시스템의 혁신'으로 바라봅니다.

- **투자 가치의 증명:** "AI 도입 시 비용 대비 효과(ROI)가 얼마나 나올까?"라는 모호한 질문을 수치화하여, 경영진이 확신을 가지고 투자할 수 있는 근거를 만듭니다.
- **리스크의 사전 차단(거버넌스):** 데이터 프라이버시, 알고리즘 편향성, 법적 책임 소재 등 나중에 문제가 될 수 있는 '지뢰'들을 미리 찾아내고 안전장치를 설계합니다.
- **실행 가능한 로드맵:** 뜬구름 잡는 비전이 아니라, "1단계는 마케팅 부서의 효율화, 2단계는 생산 공정의 지능화"처럼 우선순위에 따른 구체적인 실행 계획을 짜줍니다.

국내 SI 기업, 실행을 담보하는 실용적 전략가

특히 주목할 점은 LG CNS, 삼성SDS, SK C&C, 포스코DX, KT 등 국내 대형 SI 기업들의 변화입니다. 흔히 이들을 시스템 구축(SI) 업체로만 생각하기 쉽지만, 사실 이들은 내부 대규모의 '전문 컨설팅 조직'을 별도로 보유하고 있습니다.

이들은 글로벌 컨설팅사의 방법론을 벤치마킹하는 수준을 넘어, 국내 기업 환경과 산업 현장(제조, 금융, 공공 등)에 특화된 독자적인 노하우를 축적해 왔습니다. 국내 SI 기업이 가진 전략 파트너로서의 차별화된 강점은 다음과 같습니다.

- **실행 가능성(Feasibility) 중심의 전략**: 순수 전략 컨설팅사가 때로는 이상적인 그림(To-Be)에 치중한다면, SI 기업의 컨설턴트들은 '실제로 구현 가능한가'를 최우선으로 고려합니다. 뒷단의 개발 조직과 긴밀히 소통하며 전략을 짜기 때문에, 보고서로만 끝나는 전략이 아니라 '시스템으로 즉시 구현되는 전략'을 제시합니다.
- **End-to-End 서비스 역량**: 전략 수립(Plan)부터 구축(Build), 운영(Run)까지 끊김 없이 지원합니다. 전략을 짠 사람이 구축 책임자에게 의도를 직접 전달할 수 있어, 기획 의도가 개발 과정에서 왜곡되는 리스크를 최소화할 수 있습니다.
- **국내 규제 및 정서 이해**: 한국의 복잡한 개인정보보호법, 망 분리 규제, 그리고 특유의 기업 문화를 깊이 이해하고 있어, 글로벌 기업보다 훨씬 현실적이고 구체적인 거버넌스 전략을 수립해 줍니다.

따라서 막연한 전략보다는 '내일부터 당장 실행할 수 있는 청사진'이 필요하다면, 전략 조직을 갖춘 국내 파트너가 가장 현실적이고 강력한 대안이 될 수 있습니다.

통합 실행 파트너
: AI를 실제로 작동시키는 힘

AI 전환(AX)은 전략만으로는 움직이지 않습니다. 아무리 훌륭한 청사진을 그려도, 결국 그것을 현실의 시스템으로 구현하고 돌아가게 만드는 '손'이 필요합니다. 통합 실행 파트너(System Integrator, SI)는 AI 프로젝트의 설계자이자 시공사이며, 때로는 운영자입니다. 이들은 기업의 AI 엔진을 실제로 작동시키는 핵심 동력입니다.

이 파트너들은 단순한 기술 공급자가 아닙니다. 기업 내부의 복잡한 레거시 시스템, 굳어진 업무 프로세스, 그리고 데이터의 흐름을 이해하고, 그 위에 AI를 얹어 실제로 '일이 되게' 만드는 역할을 맡습니다.

이들이 제공하는 도움은 크게 세 가지 단계로 나뉩니다.

통합 실행 파트너가 제공하는 3가지 핵심 서비스

실행 파트너들의 역할은 기술 중심이 아니라, 기업이 필요로 하는 '서비스' 관점에서 이해해야 명확합니다.

◆ 첫째, AI 인프라·플랫폼 오퍼링 — "기반을 세우다"

AI가 숨 쉴 수 있는 토대를 만드는 단계입니다. 데이터가 끊김 없이 흐르고, AI 모델이 학습될 수 있는 물리적·소프트웨어적 환경을 마련합니다. 데이터센터와 클라우드 인프라 구축부터, 데이터 통합 및 거버넌스 수립, GPU 연산 환경 제공까지 포함됩니다. 기업은 이를 통해 복잡한 인프라를 맨땅에서 구축하는 수고를 덜고, 안정성과 확장성을 확보할 수 있습니다.

◆ 둘째, 업무 연동·자동화 오퍼링 — "현장에 녹이다"

AI를 실제 업무와 연결해 생산성을 높이는 단계입니다. 단순히 성능 좋은 AI를 설치하는 게 아니라, 직원이 매일 쓰는 이메일, 메신저, 결재 시스템 속에 AI를 자연스럽게 통합하는 것이 핵심입니다. 문서 자동 작성, 고객 상담, 수요 예측, 품질 점검 등 구체적인 업무 흐름을 분석해 AI가 '동료'처럼 작동하도록 설계합니다. 덕분에 직원의 학습 부담은 줄고 업무 효율은 즉각적으로 개선됩니다.

◆ 셋째, 운영·고도화 오퍼링 — "지속 가능하게 만들다"

AI는 오픈하는 순간부터 늙기 시작합니다. 데이터와 환경이 변하기 때문입니다. 이 서비스는 모델의 성능을 주기적으로 점검하고, 필요시 재학습을 수행하며, 전체 운영을 자동화하는 체계를 제공합니다. AI를 한 번의 프로젝트가 아니라, 지속적으로 가치를 창출하는 자산으로 관리해 주는 역할입니다.

대부분의 실행 파트너는 이 세 가지를 분리하지 않고, 설계부터 운영까지 하나의 패키지로 묶어 통합 서비스 형태로 제공합니다.

　　•• 우리 회사 AI 전환, 어떻게 시작할까?

주요 파트너들의 AI 솔루션과 활용

국내 주요 통합 실행 파트너들은 단순한 기술 대행을 넘어, 자체 개발한 AI 솔루션을 통해 각기 다른 강점을 보여주고 있습니다. 이들의 솔루션을 살펴보면 우리 회사에 필요한 기술이 무엇인지 힌트를 얻을 수 있습니다.

- **LG CNS(a:xink):** '직원 경험(EX)' 혁신에 초점을 맞춥니다. 기존의 데이터 분석 플랫폼을 넘어, a:xink(에이엑스씽크)는 임직원 개개인의 업무 도구에 AI를 결합합니다. 문서 작성, 일정 관리, 번역 등 일상 업무에 AI를 스며들게 하여, 일하는 방식 자체를 바꾸는 차세대 업무 혁신 플랫폼을 지향합니다.

- **삼성SDS(Brity & Brightics AI):** 업무 자동화와 정밀 분석 기능을 각각의 영역에서 제공합니다. Brity는 메일 요약, 회의록 생성 등 사무실의 업무 생산성을 높이는 데 집중하고, Brightics AI는 제조·물류 현장의 데이터를 분석해 불량률 예측하거나 수율을 개선하는 등 산업 현장의 난제를 푸는 데 특화되어 있습니다.

- **SK C&C(AIX):** 산업별로 특화된 '모듈형 AI'를 제공합니다. AIX 브랜드를 통해 콜센터 분석, 제조 비전 검사, 물류 최적화 등 현장에 즉시 적용 가능한 AI 서비스를 갖추고 있습니다. 또한 INFRA AI Suite를 통해 AI 학습 환경과 모델 배포를 자동화하여 기업의 인프라 고민을 덜어줍니다.

- **KT(Mi:dm):** 한국형 초거대 AI에 강점이 있습니다. 믿:음(Mi:dm) 모델은 한국어 문맥 이해도가 뛰어나 고객 응대, 공공 행정 서비스 등에 적합합니다. 통신 인프라 기업답게 GPU 클라우드부터 AI 모델까지 풀스택(Full-stack)으로 지원하며, 기업이 적은 데이터로도 빠르게 개념 검증(PoC)을 할 수 있도록 돕습니다.

왜 대기업 계열 실행 파트너인가?

이들 파트너는 모두 대기업 계열사라는 공통점이 있습니다. 이는 AI 도입을 고민하는 기업에게 단순한 브랜드 이상의 의미를 갖습니다. 이들이 가진 4가지 핵심 경쟁력은 기업의 AI 전환을 성공으로 이끄는 중요한 자산이 됩니다.

① **안정성**: AI는 도입 후에도 지속적인 관리가 필수입니다. 이들은 오랜 기간 IT 서비스와 대형 프로젝트를 수행하며 쌓은 신뢰와 보안 역량을 보유하고 있어, 시스템의 안정적인 운영을 보장합니다.

② **자원과 네트워크**: 그룹 차원의 방대한 인프라, 데이터, 인력 자원을 활용할 수 있습니다. 이는 프로젝트 수행 중 발생할 수 있는 리소스 부족 문제를 해결하고, 사업을 빠르고 안정적으로 추진할 수 있는 동력이 됩니다.

③ **산업 이해도**: 그룹 내 제조, 금융, 유통 등 다양한 산업 계열사에서 쌓은 도메인 지식(Domain Knowledge)을 보유하고 있습니다. 이를 바탕으로 우리 회사의 업종 특성에 딱 맞는 '산업 맞춤형 AI'를 구현할 수 있습니다.

④ **지속 가능성**: 영세한 업체와 달리, 자체 연구개발(R&D)과 글로벌 협력 네트워크를 통해 최신 기술을 지속적으로 업데이트합니다. 이는 고객사의 AI 역량이 멈추지 않고 계속해서 고도화되도록 돕는 안전장치가 됩니다.

결국 실행 파트너는 단순한 기술 업체가 아닙니다. 이들은 AI가 기업 안에서 숨 쉬며 작동하도록 길을 닦고, 사람과 연결하며, 오래 살아남게 만드는 조율자입니다. 전략이 머리라면, 이들은 AI를 움직이는 튼튼한 다리입니다.

컨설팅과 SI의 경계가 흐려지다

흥미로운 점은, 앞에서 언급한 대형 SI 업체가 전략을 수립하듯이, PwC, EY, KPMG, Deloitte와 같은 컨설팅 회사들 역시 전략 수립에 그치지 않고, 실제 시스템 구축(SI)까지 수행하고 있다는 점입니다. 전통적으로 이들은 전략과 거버넌스 영역에 강점을 가진 조직으로 인식되어 왔지만, 최근에는 클라우드, 데이터, AI 프로젝트를 중심으로 실행 단계까지 역할을 확장하고 있습니다.

이러한 접근의 장점은 명확합니다. 전략을 직접 설계한 주체가 그 의도를 이해한 상태에서 구축까지 이어가기 때문에, 방향성과 실행 사이의 괴리가 상대적으로 적습니다. 전략 문서에 담긴 원칙과 목표가 구현 과정에서 희석되거나 왜곡될 가능성이 낮고, 의사결정의 맥락 역시 일관되게 유지될 수 있습니다. 이는 '전략은 컨설팅 회사가, 구축은 SI 업체가'라는 전통적인 분업 구조에서 자주 발생하던 단절을 줄이는 데 효과적입니다.

물론 이들 컨설팅 회사가 모든 영역에서 전통적인 SI 기업과 동일한 방식으로 움직이는 것은 아닙니다. 그럼에도 불구하고 전략에서 실행까지의 연결성을 강화하려는 이러한 시도는, 기업이 AX를 추진하는 과정에서 누가 전략을 그리고, 누가 그것을 현실로 구현할 것인가라는 질문을 다시 생각하게 만듭니다. 이제 중요한 것은 컨설팅 회사냐, SI 기업이냐의 구분이 아니라, 전략과 구축, 그리고 이후의 운영까지 하나의 흐름으로 책임질 수 있는 역량을 갖추었는가 하는 점입니다.

클라우드 파트너
: AI의 기반을 지탱하는 숨은 엔진

AI는 하늘 위의 구름, 즉 클라우드에서 움직입니다. 데이터를 저장하고, 막대한 연산을 수행하고, 모델을 학습시키는 거의 모든 과정이 클라우드 위에서 일어납니다. 그래서 클라우드는 AI를 움직이는 '숨은 엔진'이라 불립니다. 기업이 AI를 제대로 작동시키기 위해서는, 이 엔진을 강력하게 만들고 고장 나지 않게 관리해 줄 파트너가 필수적입니다.

클라우드 파트너는 크게 두 부류로 나뉩니다. 고속도로를 깔아주는 CSP(Cloud Service Provider)와 그 위에서 운전을 돕는 MSP(Managed Service Provider)입니다. 이 둘의 역할을 이해하는 것이 AI 인프라 전략의 시작입니다.

인프라를 만드는 자(CSP)와
운영하는 자(MSP)

먼저 CSP는 거대한 물리적 인프라를 제공하는 주체입니다. 이들은 전 세계에 데이터센터와 네트워크를 깔아놓고, 기업이 원하는 만큼의 GPU 자원과 저장 공간을 즉시 빌려줍니다. 대표적으로 아마존웹서비스(AWS), 마이크로소프트 애저(Azure), 구글 클라우드(GCP) 같은 글로벌 기업과 네이버클라우드, KT, NHN클라우드 같은 국내 기업들이 있습니다. 이 파트너들은 AI 학습에 필요한 막대한 연산 능력(Computing Power)과 글로벌 확장성을 보장하여, 기업이 하드웨어 제약 없이 AI 모델을 개발할 수 있도록 돕습니다.

반면, MSP는 이 거대한 인프라를 우리 회사의 현실에 맞게 설계하고 운영해 주는 '살림꾼'입니다. 아무리 좋은 AWS나 Azure라도 세팅을 잘못하면 요금 폭탄을 맞거나 보안 구멍이 뚫리기 쉽습니다. 이때 메가존클라우드나 베스핀글로벌 같은 MSP 기업들은 기업의 산업 환경에 맞춰 보안 체계를 짜고, 비용을 최적화하며, 장애 발생 시 가장 먼저 달려와 해결해 주는 기술적 가이드 역할을 수행합니다.

CSP와 MSP의 역할 및 특징 비교		
구분	주요 역할	특징
CSP (Cloud Service Provider)	글로벌 인프라 제공, GPU 자원, 데이터 저장·연산, AI 학습 환경 지원	확장성, 안정성, 글로벌 네트워크 중심
MSP (Managed Service Provider)	클라우드 아키텍처 설계, 보안 관리, 비용 최적화, 산업별 맞춤 운영	고객 맞춤형 설계, 운영 자동화, 규제 대응 중심

결국 AI 프로젝트에서 CSP는 '강력한 하드웨어'를, MSP는 '섬세한 소프트웨어적 관리'를 담당하는 공생 관계입니다. 대규모 AI 모델을

학습할 때는 CSP의 연산 능력이 핵심이 되고, 이를 실제 서비스로 운영하며 비용을 통제할 때는 MSP의 노하우가 빛을 발합니다.

‘AI 최적화 클라우드’의 등장

최근에는 범용 클라우드를 넘어, 오직 AI만을 위해 설계된 ‘AI 최적화 클라우드’가 새로운 표준으로 떠오르고 있습니다. 일반 클라우드가 창고나 사무실 용도라면, AI 최적화 클라우드는 모든 설비가 AI 생산에 맞춰진 ‘최첨단 반도체 공장’과 같습니다.

이 환경은 GPU와 같은 고성능 가속기, AI 개발 도구, 데이터 파이프라인이 하나로 통합되어 있어 기업이 복잡한 설정 없이 즉시 AI를 개발할 수 있게 해줍니다. 수천 장의 GPU를 병렬로 연결해 몇 달 걸릴 학습을 며칠 만에 끝낼 수 있는 고성능 연산 자원(GPUaaS)을 제공하며, 데이터 전처리부터 모델 배포까지의 전 과정을 자동화하는 MLOps 시스템이 기본적으로 내재화되어 있습니다. 또한 AI 학습에 특화된 고속 스토리지 기술을 통해 데이터가 끊김 없이 GPU로 공급되도록 하여, 비싼 장비가 노는 시간(Idle Time)을 최소화하고 데이터 효율을 극대화합니다.

이러한 ‘맞춤형 AI 전용 공장’을 활용하면, 기업은 인프라를 관리하느라 씨름하는 대신 AI 모델의 성능을 높이고 서비스를 혁신하는 본질적인 업무에 집중할 수 있습니다.

심장과 근육의 조화

클라우드는 AI의 토대이자 심장입니다. CSP가 이 심장의 근육을 만들고, MSP가 그 심장이 일정하게 뛰도록 관리합니다. 기업이 AI를 지속적으로 발전시키고자 한다면, 단순히 서버 비용을 결제하는 관계를 넘어 이 두 파트너와 긴밀하게 협력하며 인프라 전략을 짜야 합니다.

탄탄한 도로(클라우드) 위에서만 AI라는 스포츠카가 제 속도를 낼 수 있음을 기억하십시오.

작고 빠른 조직들
: 이미 답을 찾은 그들을 벤치마킹하라

대기업이 회의실에서 '이게 될까?'를 두고 난상토론을 벌이는 동안, 스타트업은 이미 그것을 만들어 시장에 내놓습니다. 대기업이 규제와 리스크, 기존 시스템의 한계 때문에 '할 수 없다'고 결론 내린 일들을, 그들은 맨몸으로 부딪쳐 기어코 해내고 맙니다.

따라서 AI 전환을 가속화하고 싶다면, 책상 위에서 기획안을 다듬는 것보다 우리와 같은 업종에서 우리가 하지 못한 일들을 이미 하고 있는 스타트업을 찾는 것이 훨씬 빠르고 정확합니다.

우리가 못 했던 것을 해낸 '레퍼런스'를 찾아라

많은 기업이 스타트업을 찾을 때 단순히 '신기한 기술'을 가진 곳을 찾습니다. 하지만 진짜 필요한 파트너는 '우리 업의 본질적인 문제'를 해결해 본 곳입니다.

예를 들어, 유통 대기업이 '신선식품 폐기율'을 줄이기 위해 수년째 고민만 하고 있을 때, 어떤 푸드테크 스타트업은 AI로 수요를 예측해 폐기율을 획기적으로 줄이는 실험에 성공했을 수 있습니다. 금융사가 복잡한 약관 때문에 챗봇 도입을 주저할 때, 핀테크 스타트업은 이미 생성형 AI로 약관을 3초 만에 요약해 주는 서비스를 운영하고 있을지 모릅니다. 이들은 우리가 내부 장벽에 막혀 시도조차 못 했던 아이디어를 현실에서 검증해 낸 '살아있는 레퍼런스'입니다. 경영진은 시야를 밖으로 돌려, 우리 산업의 가려운 곳을 긁어준 이 작은 거인들을 적극적으로 발굴해야 합니다.

'0'에서 시작하지 말고, 그들의 '1'을 가져와 완성하라

스타트업을 찾았다면, 단순히 그들의 기술을 구경하거나 그대로 도입하는 것에 그쳐서는 안 됩니다. 그들이 시도했던 여러 실험 중에서 유의미한 성공 모델을 찾아내고, 이를 우리 기업의 내부 환경에 맞게 '보완하고 구체화'하는 과정이 필수적입니다.

스타트업의 솔루션은 참신하지만, 대기업의 방대한 데이터나 복잡한 보안 규정을 감당하기에는 미성숙할 수 있습니다. 바로 이 지점이 대기업의 역량이 투입되어야 할 곳입니다. 스타트업이 검증한 '아이디어의 씨앗(MVP, Minimum Viable Product)'을 가져와, 대기업의 풍부한 자원과 인프라라는 토양에 심어 '엔터프라이즈급 서비스'로 키워내는 것입니다.

앞서 언급한 삼성전자나 현대자동차의 사례도 마찬가지입니다. 스타트업이 먼저 푼 문제를 가져와, 글로벌 서비스 수준에 맞게 다듬고 고도화했기에 성공할 수 있었습니다.

'맨땅에 헤딩'하는 시대는 지났습니다. 혁신의 단서는 이미 시장에 나와 있습니다. 우리보다 먼저 강을 건넌 스타트업의 배를 찾아, 그 배를 더 크고 튼튼하게 개조하여 타는 것. 이것이 가장 안전하고 빠르게 AI 전환의 목적지에 도달하는 지름길입니다.

파트너십 3원칙
: 결국 '사람'이 길을 연다

AI 전환의 여정에서 수많은 기술과 솔루션을 검토했지만, 결론은 언제나 하나로 귀결됩니다. 중요한 건 기술 그 자체가 아니라, 그 기술을 다루는 사람과 그들이 맺는 관계입니다.

기술은 돈을 주면 살 수 있고, 인프라는 빌려 쓸 수 있습니다. 하지만 파트너와의 신뢰, 그리고 내부 구성원들의 실행 의지는 돈으로 살 수 없습니다. 외부의 도움은 우리를 더 빨리 가게 해주는 강력한 엔진이지만, 그 엔진을 어디로 움직일지 결정하고 핸들을 잡는 것은 결국 우리 회사의 사람이어야 합니다.

성공적인 AI 전환을 위해, 외부 파트너를 우리의 진짜 동료로 만드는 세 가지 원칙을 제안합니다.

첫째, '운전대'는 내부 직원이 잡는다

많은 기업이 "전문가에게 맡겼으니 알아서 해주겠지"라며 프로젝트 전체를 외주사에 일임하곤 합니다. 하지만 이는 가장 위험한 도박입니다. 외부 파트너는 기술 전문가일 뿐, 우리 회사의 비즈니스 맥락과 숨은 의도까지 알 수는 없습니다.

외부의 도움은 '대체제'가 아니라 '지렛대'가 되어야 합니다. 프로젝트 매니저(PM)나 CDO(최고디지털책임자) 같은 내부의 책임자가 명확한 방향성을 가지고 파트너를 리딩해야 합니다. 내부 인력이 기술을 잘 모른다 해도 괜찮습니다. "우리가 해결하려는 문제는 이것이고, 우리가 원하는 결과물은 이것이다"라는 기준점만 명확히 잡아준다면, 파트너는 최고의 성능을 발휘할 것입니다.

둘째, 파트너를 '손'이 아닌 '두뇌'로 대우한다

협력 업체에게 단순히 "이 기능을 만들어주세요"라고 스펙(Spec)만 던져주는 방식은 하수입니다. 그들은 AI 분야에서 우리보다 훨씬 많은 경험과 실패 데이터를 가지고 있는 전문가들입니다.

그들에게 작업 지시서가 아니라 '우리의 고민'을 던지십시오. "고객 이탈을 줄이고 싶은데, 당신들이 가진 기술로 어떤 접근이 가능합니까?"라고 물었을 때, 파트너는 단순 개발자가 아닌 컨설턴트가 되어 더 창의적이고 효율적인 해법을 가져올 것입니다. 파트너의 손발뿐만 아니라 그들의 뇌까지 빌려 쓰는 것이 진짜 협업입니다.

셋째, 실패의 책임을 묻기보다 원인을 공유한다

AI 프로젝트는 본질적으로 실험입니다. 100% 성공을 장담할 수 없고, 때로는 모델 성능이 기대에 미치지 못할 수도 있습니다. 이때 계약서를 들고 위약금을 논하며 파트너를 몰아세우면, 그들은 방어적인 태도로 변해 진짜 원인을 숨기기에 급급해집니다.

실패했을 때 "왜 안 됐는지"를 투명하게 공유하고 함께 분석하는 분위기를 만들어야 합니다. 데이터가 부족했다면 데이터를 더 모으고, 시나리오가 잘못됐다면 수정하면 됩니다. 문제를 함께 해결하려는 '원팀(One Team)' 의식을 보여줄 때, 파트너는 계약 범위를 넘어서라도 프로젝트를 성공시키기 위해 헌신할 것입니다.

연결하는 힘이 곧 경쟁력

AI 전환은 혼자서 할 수 없는, 그러나 누구나 할 수 있는 도전입니다. 대기업의 안정성, 스타트업의 민첩함, 컨설팅사의 전략, 그리고 우리 내부의 도메인 지식. 이 퍼즐 조각들을 어떻게 맞추느냐에 따라 그림은 달라집니다.

기술은 하루가 다르게 변하지만, 사람과 사람 사이의 신뢰와 협력의 속도는 변하지 않는 경쟁력입니다. 좋은 파트너를 찾고, 그들과 신뢰를 쌓으며, 함께 성장하는 법을 배우는 것. 그것이 AI 시대를 건너는 가장 확실한 지혜입니다.

제9장

AI 전환, 성공을 위한 실행 제언

이 책을 통해 우리는 AI 기술의 종류부터 도입 전략, 그리고 구축 방법론까지
긴 여정을 함께했습니다. 이제 여러분의 머릿속에는 "그래서 당장 내일부터
무엇을 해야 하지?"라는 질문이 남아있을 것입니다.
AI 전환(AX)은 단순히 비싼 소프트웨어를 구매하는 쇼핑이 아닙니다.
그렇다고 특정 부서만 야근하면 되는 일회성 프로젝트도 아닙니다.
이것은 조직 전체가 데이터를 바라보고,
일하는 방식을 바꾸는 긴 호흡의 체질 개선입니다.
마지막 장에서는 복잡한 기술 이야기 대신, 경영진과 실무자가 현장에서
기억해 두면 좋을 8가지 이야기를 정리했습니다.
이것은 거창한 성공 방정식이 아닙니다. 오히려 수많은 기업이 AI 도입 과정
에서 겪었던 시행착오와 실패를 피하기 위해, 우리가 미리 알았더라면 좋았을
현실적인 조언들에 가깝습니다.
우리는 이 내용들을 전략, 실행, 문화라는 세 가지 관점에서 차근차근
살펴보려 합니다.

[전략]
욕심을 버리고 속도를 얻는 법

AI 도입을 앞둔 기업들은 종종 조급함에 빠집니다. 경쟁사가 무엇을 하는지, 세상에 어떤 신기술이 나왔는지 살피느라 정작 우리 회사의 체력을 점검하는 일은 뒷전으로 미루곤 합니다. 하지만 속도는 무작정 달린다고 해서 얻어지는 것이 아닙니다. 불필요한 짐을 버리고, 우리가 갈 길을 정확히 알 때 비로소 진짜 속도가 납니다.

남들이 하는 고민은 나의 고민이 아닐 수 있다

◆ 유행보다 우리 현실에 집중하라

아침마다 쏟아지는 AI 뉴스를 보면 현기증이 날 지경입니다. "오픈AI가 새로운 모델을 내놨다더라", "구글이 검색 시장을 뒤집었다더라", "누구는 GPU를 몇만 장 확보했다더라" 하는 소식들이 경영진의 마음을 흔듭니다. 회의실에서는 당장 우리도 뒤처지지 않게 무언가 대단한 것을 내놓아야 한다는 압박감이 감돕니다.

하지만 잠시 냉정해질 필요가 있습니다. 테크 뉴스 1면에 나오는 이야기 중, 우리 회사의 당장 내일 매출에 영향을 주는 것이 과연 몇 개나 될까요?

기술 경쟁이 아니라 '활용 경쟁'을 하십시오 우리는 구글이나 마이크로소프트가 아닙니다. 그들은 더 똑똑한 AI 모델을 만드는 '기술 경쟁'을 하지만, 일반 기업은 그 도구를 가져와 우리 문제를 푸는 '활용 경쟁'을 해야 합니다. 최신 아이폰이 나왔다고 해서 모두가 앱 개발자가 될 필요는 없듯이, 최신 AI 모델이 나왔다고 해서 우리 회사가 그 성능 차이에 목숨을 걸 필요는 없습니다.

우리에게 중요한 건 "이번 모델이 벤치마크 점수가 몇 점인가"가 아니라, "우리 회사의 데이터가 저 모델에 들어갈 만큼 깨끗한가?", 그리고 "우리 직원들이 저 도구를 쓸 준비가 되어 있는가?"입니다.

옆 회사의 정답이 우리에겐 오답일 수 있습니다. 많은 기업이 불안한 마음에 '따라 하기' 전략을 씁니다. "경쟁사 A가 챗봇을 도입했다니 우리도 챗봇을 만들자", "B사가 공장 자동화를 했다니 우리도 도입하자"는 식입니다. 하지만 이것은 가장 위험한 접근입니다.

◆ 기업마다 처한 상황과 데이터의 결은 모두 다르다

데이터가 수십 년간 잘 쌓여 있는 제조 기업이라면, 말 잘하는 생성형 AI보다 불량을 잡아내는 분석형 AI가 훨씬 시급합니다.

반대로, 트렌드에 민감한 마케팅 회사라면 복잡한 데이터 분석보다는 아이디어를 빠르게 시각화해 주는 생성형 AI가 당장 매출을 올려줄 것입니다.

남의 성공 방식을 그대로 가져오는 순간, 우리는 그들의 뒤를 쫓는

2등 전략을 택하는 셈이 됩니다.

◆ 내부의 문제에 집중할 때 진짜 경쟁력이 생긴다

AI 전환의 속도는 외부의 기술 발전 속도가 아니라, 내부의 문제 해결 속도에 맞춰져야 합니다. 어떤 기업들은 매달 발표되는 신기술을 쫓아다니느라 정작 프로젝트를 끝내지도 못하고 계속 수정만 합니다. 반면 어떤 기업들은 구형 모델일지라도 우리 회사의 고질적인 비효율을 해결하는 데 집중하여 확실한 성과를 냅니다.

누가 더 현명한지는 명확합니다. 유행은 참고만 하십시오. 맹목적으로 따를 필요는 없습니다. AI의 본질은 기술의 세대교체가 아니라, 현장의 문제를 얼마나 정확히 풀어내느냐에 있습니다. 남의 모델을 쫓을 게 아니라, 우리의 문제를 풀면 됩니다. 그것이 곧 우리 기업만의 대체 불가능한 AI 경쟁력이 될 것입니다.

◆ 완벽함보다 중요한 건 실행 속도

AI 도입을 검토하다 보면 선택의 늪에 빠지기 쉽습니다. 생성형 AI부터 분석형 AI, 자동화 솔루션까지 종류도 많거니와, 하루가 멀다 하고 "우리 솔루션이 최고"라며 영업 사원들이 찾아옵니다. 기능 명세서(Spec Sheet)를 비교하고, 벤치마크 테스트(BMT)를 하며 몇 달을 보내는 것이 대기업의 일반적인 관행이기도 합니다.

하지만 솔직히 말씀드리면, 시장에 나온 상위권 AI 솔루션들의 기능은 80% 이상 비슷합니다. A 솔루션에 있는 '문서 요약' 기능은 다음 달이면 B 솔루션에도 생기고, C 솔루션의 '이미지 생성' 기능은 곧 A 솔루션에도 탑재됩니다. 기술의 상향 평준화 속도가 워낙 빠르기 때문입니다.

최고의 도구를 찾는 3개월보다, 무딘 도구를 써보는 1개월이 낫습니다. 명검을 고르느라 3개월 동안 고민만 하는 무사와, 녹슨 칼이라도 들고 한 달 동안 허수아비를 베어본 무사 중 실전에서 누가 더 잘 싸울까요? 답은 명확합니다.

AI 도입의 성패는 도구의 미세한 성능 차이가 아니라, '우리 조직이 이 낯선 도구에 얼마나 빨리 적응하느냐'에서 갈립니다. 완벽한 솔루션을 찾기 위해 시간을 쏟는 사이, 경쟁사는 이미 부족한 솔루션으로 파일럿 프로젝트를 돌리며 "아, 우리 데이터는 이게 문제구나", "직원들이 이런 기능을 어려워하는구나"라는 귀중한 경험 지식을 쌓고 있습니다. 이 '조직의 학습 곡선(Learning Curve)'이야말로 돈 주고도 살 수 없는 자산입니다.

◆ 써봐야 진짜 우리에게 필요한 것이 보인다

책상 위에서 스펙만 비교해서는 절대 알 수 없는 것들이 있습니다. 일단 도입해서 써보면 "우리 직원들은 의외로 채팅형보다 버튼형을 선호하더라"라거나, "분석 기능보다는 시각화 기능이 더 중요하더라" 하는 우리만의 진짜 요구사항(Pain Point)이 드러납니다. 만약 처음에 고른 솔루션이 부족하다면 그때 가서 보완책을 찾아도 늦지 않습니다. 오히려 그때의 선택은 훨씬 더 정교하고 정확할 것입니다.

AI는 '정답 찾기'가 아니라 '적응하기' 게임입니다 완벽한 도구는 없습니다. 있다고 해도 우리 회사의 데이터와 프로세스에 100% 딱 맞는 기성품은 존재하지 않습니다. AI 솔루션은 도입 후 데이터와 피드백을 먹으며 진화하는 도구입니다. 그러니 부디 솔루션 쇼핑에 너무 많은 에너지를 쓰지 마십시오. AI 시대의 승자는 '최고의 솔루션을 가진 조직'이 아니라, '어떤 솔루션이든 가장 빨리 내재화해서 업무에 적용하는 조직'입니다.

오늘 당장 쓸 AI와 내일을 위해 준비할 AI

AI 도입을 고민하는 경영진은 종종 딜레마에 빠집니다. "ChatGPT 같은 걸 도입해서 직원들 업무를 편하게 해주는 게 먼저일까, 아니면 공장의 불량을 잡는 고도화된 시스템을 구축하는 게 먼저일까?"

결론부터 말씀드리면, 둘 다 해야 합니다. 단, '속도'가 다를 뿐입니다. 우리는 이것을 '투 트랙(Two-Track) 전략'이라고 부릅니다. 하나는 당장의 효율을 위한 전력 질주(Sprint)이고, 다른 하나는 미래의 경쟁력을 위한 마라톤(Marathon)입니다.

♦ 오늘의 AI

생성형 AI는 '준비'하지 말고 '실행'하십시오 ChatGPT, Claude, Copilot 같은 생성형 AI는 이미 완성된 도구입니다. 거창한 서버를 구축하거나 데이터를 학습시킬 필요가 없습니다. 그냥 계정을 만들고 쓰면 됩니다. 이 영역에서 "완벽한 도입 계획"을 세우느라 3개월을 보내는 것은 시간 낭비입니다. 생성형 AI는 오늘 당장 회의록 요약에 써보고, 이메일 초안을 잡아보는 '실행'의 영역입니다. 직원들이 "어? 이게 진짜 되네?"라는 작은 성공을 맛보게 하십시오. 그 경험들이 모여 우리 회사의 디지털 기초 체력이 됩니다. 시작을 미루는 건 준비가 아니라 지연일 뿐입니다.

◆ 내일의 AI

맞춤형 AI는 지금부터 '계획'하십시오 반면, 우리 회사의 핵심 데이터를 분석해 수요를 예측하거나 품질을 관리하는 '맞춤형 AI'는 하루아침에 되지 않습니다. 깨끗한 데이터가 필요하고, 정교한 모델링이 필요하며, 전문가의 도움이 필요합니다. 이것은 당장 내일 성과를 낼 수는 없지만, 1년 뒤, 2년 뒤 우리 회사의 독보적인 무기가 될 것입니다. 그러니 조급해하지 말고 지금부터 데이터를 모으고, 파트너를 찾고, 적용할 분야를 선별하는 '계획'을 시작해야 합니다.

'가능한가(PoC)'를 넘어 '쓸모있는가(PoV)'로 지금까지 많은 기업이 "기술적으로 가능한가?"를 검증하는 PoC(Proof of Concept)에 매달렸습니다. 하지만 이제는 PoV(Proof of Value), 즉 "이게 정말 우리 돈벌이와 업무에 도움이 되는가?"를 따져야 할 때입니다. 생성형 AI로 당장 업무 시간을 줄여 가치를 증명하고, 그 여력으로 맞춤형 AI라는 미래 자산에 투자하십시오.

오늘의 효율과 내일의 혁신, 이 두 가지 시계태엽이 함께 돌아갈 때 기업의 AX(AI 전환)는 비로소 균형을 잡고 앞으로 나아갈 수 있습니다.

[실행]
작게 시작해서 크게 키우는 법

전략이 방향을 정하는 나침반이라면, 실행은 목적지를 향해 발을 내딛는 일입니다. 많은 기업이 완벽한 전략을 짜느라 정작 출발선에서 한 발자국도 떼지 못하곤 합니다.

AI 전환은 'D-Day'를 정해놓고 한꺼번에 시스템을 바꾸는 빅뱅(Big Bang) 방식으로는 성공하기 어렵습니다. 오히려 가장 작고 쉬운 곳에서 시작해, 그 성공의 경험을 옆으로 퍼뜨리는 '눈덩이(Snowball) 효과'를 노려야 합니다.

가장 쉬운 것부터 시작하기

AI 전환(AX)이라고 하면 흔히 수십억 원짜리 프로젝트나 전사적인 시스템 개편을 떠올립니다. 하지만 그런 거대한 선언은 오히려 직원들에게 피로감과 두려움만 줄 뿐입니다. "일이 또 늘어나는구나", "내 자리가 위험해지는 거 아냐?" 하는 방어적인 태도를 부르게 되죠.

그래서 시작은 '티 안 나게, 가볍게' 해야 합니다. 거창한 조직 단위의 계획보다 개인 단위의 소소한 실행이 훨씬 강력합니다.

회사 돈이 아니라, 내 의지만 있으면 됩니다. 생성형 AI는 이미 우리 손안에 있습니다. ChatGPT, Claude, Perplexity 같은 도구들은 별도의 결재나 복잡한 설치 없이도 지금 당장 웹브라우저만 켜면 쓸 수 있습니다. 이것은 회사의 인프라 문제가 아니라, '써보겠다는 마음'의 문제입니다.

직원들에게 "AI로 혁신하라"고 지시하지 마십시오. 대신 "오늘 나가는 공문 초안, AI한테 한번 다듬어 달라고 해볼래요?"라고 권유해 보십시오.

- 인사팀은 채용 공고를 더 매력적으로 다듬는 데 써보고,
- 회계팀은 복잡한 회의 내용을 3줄로 요약하는 데 써보고,
- 마케팅팀은 머릿속 아이디어를 그림으로 그리는 데 써보는 겁니다.

'완벽함'이 아니라 '유용함'을 맛보게 하십시오. 이 단계의 목표는 완벽한 결과물을 만드는 것이 아닙니다. "어? 이거 내가 1시간 걸리던 건데 5분 만에 초안이 나오네?"라는 '효능감'을 체험하게 하는 것입니다. 사람은 이익이 확인되면 시키지 않아도 움직입니다. "AI가 내 퇴근 시간을 당겨주는구나"라는 것을 깨닫는 순간, AI는 '귀찮은 숙제'에서 '고마운 비서'로 바뀝니다.

실패해도 괜찮은 '놀이터'를 만들어 주세요. 처음부터 중요한 보고서에 AI를 쓰라고 하면 부담스러워서 못 씁니다. 망쳐도 상관없는 사소한 업무부터 적용하게 해주세요. AI가 엉뚱한 답을 내놓으면 다 같이 웃고 넘기면 됩니다. "이런 질문을 했더니 AI가 딴소리를 하더라", "이렇게

  • • 우리 회사 AI 전환, 어떻게 시작할까?

물어보니 기가 막히게 답하더라" 하는 경험담들이 점심시간 대화 주제가 되게 하십시오.

그 작은 잡담들이 모여 조직의 문화를 바꿉니다. 혁신은 비장한 각오가 아니라, "이거 한번 써볼까?" 하는 가벼운 호기심에서 시작된다는 것을 기억하십시오.

시스템 오픈은 결과가 아니라 시작이다

많은 AI 프로젝트 팀이 '시스템 오픈일'을 결승선으로 착각하고 전력 질주합니다. 성능을 높이고, 시연 영상을 만들고, 화려한 보고서를 제출하며 테이프 커팅식을 준비하죠. 하지만 냉정하게 말해, 오픈식은 결승선이 아니라 이제 막 입학식을 치른 것에 불과합니다.

AI는 현장의 손때를 타며 자랍니다. 시스템이 개발자의 손을 떠나 현업의 책상 위에 놓이는 순간부터 진짜 전쟁이 시작됩니다. "편리하다"는 칭찬보다는 "이건 왜 안 돼요?", "데이터가 옛날 건데요?", "오히려 더 불편해요" 같은 날 선 불만들이 쏟아질 것입니다.

이때 당황하거나 좌절하지 마십시오. 이런 반응은 AI가 실패했다는 증거가 아닙니다. 오히려 현업이 AI를 진지하게 써보고 있다는 가장 건강한 신호입니다. 아무 관심이 없으면 불만조차 없습니다. 현업의 까다로운 요구사항과 피드백이야말로 책상머리에서 배운 AI를 '현장 전문가'로 키우는 유일한 영양분입니다.

◆ AI도 '수습 기간'이 필요하다

우리가 신입 사원을 뽑자마자 "알아서 성과를 내라"고 방치하지 않듯이, 갓 오픈한 AI에게도 적응할 시간이 필요합니다. 오픈했다고 해서 개발팀이 바로 철수해서는 안 됩니다. 최소 3개월에서 6개월은 AI의 '수습 기간'으로 정하고, 개발팀과 현업이 한 팀이 되어 AI를 밀착 케어해야 합니다.

이 기간은 시스템의 오류를 잡는 시간이기도 하지만, 더 중요하게는 AI와 현업이 서로 합을 맞추는 시간입니다. 초기의 잦은 오류를 함께 수정하고, 불편한 UI를 다듬는 이 안정화(Stabilization) 과정을 거치지 않으면, 직원들은 "거봐, AI 별거 없네"라며 다시 예전의 엑셀 작업으로 돌아가 버립니다.

◆ 성공의 지표를 바꾸기: '정확도'에서 '사용률'로

개발할 때는 모델의 정확도 99%가 목표였겠지만, 오픈 이후에는 목표가 바뀌어야 합니다. "직원들이 매일 쓰는가?"가 유일한 성공 지표입니다. 아무리 기술적으로 완벽한 모델이라도 직원이 쓰지 않으면 가치가 0입니다. 반면, 정확도가 조금 낮아도 직원이 "그래도 이거 없으면 못 살아"라고 한다면 그 프로젝트는 대성공입니다. 그러니 오픈 후에는 '버그 리포트'보다 '일간 사용자 수(DAU)'와 '업무 반영률'에 집착하십시오.

기억하십시오. AI 도입 프로젝트의 성패는 '누가 더 잘 만들었나(Development)'가 아니라, '누가 더 끈질기게 고쳤나(Improvement)'에서 판가름 납니다. 진짜 실력은 오픈 이후의 개선 과정에서 나옵니다.

[문화]
기술이 아니라 사람이 합니다

전략을 세우고 실행에 옮겼다면, 마지막으로 넘어야 할 산은 '사람'입니다. AI 전환은 기술을 도입하는 프로젝트처럼 보이지만, 본질은 조직의 일하는 방식과 문화를 바꾸는 긴 여정입니다. 기술은 돈만 주면 살 수 있지만, 문화는 돈으로 살 수 없기에 가장 어렵고 오래 걸립니다.

아무리 비싼 GPU를 사들이고 최신 모델을 도입해도, 그것을 쓰는 사람들의 마음이 움직이지 않으면 AI는 차가운 고철 덩어리에 불과합니다. 결국 AI를 성공시키는 것은 코드가 아니라, 서로를 신뢰하고 협력하는 '사람의 태도'입니다.

성과는 나누고 책임은 함께 지기

AI 프로젝트 현장에서 가장 흔하게, 그리고 가장 뼈아프게 목격되는 장면이 있습니다. 기획은 혁신팀이 주도하고, 개발은 AI팀이 밤새워하는데, 정작 현업 부서는 팔짱을 끼고 지켜보는 모습입니다.

그리고 프로젝트가 끝나면 미묘한 신경전이 벌어집니다. 결과가 좋으면 현업 부서는 "그거 우리가 아이디어 낸 거야, 역시 우리 데이터가 좋아서 그래"라며 성과를 가져갑니다. 반대로 결과가 나쁘면 "AI팀이 현장을 너무 몰라", "기술력이 부족해"라며 책임을 떠넘깁니다. AI팀 입장에선 "잘되면 본전, 안 되면 독박"이라는 패배감이 들 수밖에 없습니다.

이런 '성과는 내 것, 책임은 네 것' 구조에서는 그 어떤 혁신도 지속될 수 없습니다. AI 전환을 성공시키려면 이 관계를 근본적으로 재설계해야 합니다.

◆ 가장 치명적인 실수, "사장님 재가 났으니 하세요."

프로젝트를 시작하기도 전에 실패로 만드는 가장 확실한 방법이 있습니다. 바로 '현업 패싱(Passing)'입니다. AI팀이나 기획팀이 뭔가 그럴듯한 아이디어를 들고 현업과 상의 한마디 없이 본부장이나 사장님께 먼저 보고해 버리는 것입니다. 경영진의 승인을 등에 업고 내려와 현업 부서에 이렇게 통보합니다.

"사장님께 보고드렸고 승인 났습니다. 중요하고 급한 거니 데이터 협조 부탁드립니다."

이 순간, 현업 담당자의 마음의 문은 굳게 닫힙니다. "우리 업무를 왜 자기들 마음대로 결정해?"라는 반발심과 무시당했다는 불쾌감이 생기기 때문입니다. 이렇게 신뢰가 깨진 상태에서 시작된 프로젝트는 절대 성공할 수 없습니다. 현업은 겉으로는 협조하는 척하지만, 결정적인 데이터는 주지 않거나 회의에 소극적으로 참여하는 식으로 방어막을

칠 것입니다. 순서를 지키십시오. 경영진 보고 전에 현업을 먼저 찾아가 "이런 아이디어가 있는데 도움이 될까요?"라고 묻는 것이 예의이자 전략입니다.

◆ '발주처'와 '용역 업체' 관계를 끊기

많은 기업이 사내 프로젝트임에도 불구하고 현업을 '발주처(Client)'로, AI팀을 '용역 업체(Vendor)'처럼 대하는 잘못된 관행을 가지고 있습니다. 현업이 "이거 만들어 줘"라고 요구사항 정의서만 툭 던지고, AI팀은 납기일에 맞춰 "여기 있습니다"라고 납품하는 방식입니다.

하지만 AI는 정해진 스펙대로 찍어내는 공산품이 아닙니다. 데이터를 까보고, 현장의 문제를 파고들며 함께 답을 찾아가는 과정입니다. 그러니 이제는 '요청서' 대신 '테이블'을 마련하십시오. 문제 정의 단계부터 현업과 AI팀이 한 테이블에 앉아야 합니다. 현업은 "왜 이 업무가 힘든지"를 호소하고, AI팀은 "기술로 어디까지 해결할 수 있는지"를 솔직하게 터놓고 이야기하는 시간이 필요합니다. 그래야 프로젝트는 '남의 일'이 아닌 '우리의 일'이 됩니다.

◆ 이름표를 나란히 붙이기(Co-Ownership)

공동의 책임감을 만드는 가장 확실한 방법은 성과를 투명하게 나누는 것입니다. 보고서 표지에 현업 팀장과 AI 팀장의 이름을 나란히 박으십시오. 프로젝트의 목표(KPI)도 함께 짊어져야 합니다. 예를 들어 '상담 시간 20% 단축'이라는 목표를 세웠다면, 이는 AI 모델의 성능뿐만 아니라 현업의 활용도에 따라 달성 여부가 갈립니다. 성공했을 때의

박수도, 실패했을 때의 질책도 함께 받는 구조가 될 때 비로소 서로를 탓하는 손가락질이 멈추고, 문제를 해결하려는 머리들이 맞대어집니다.

◆ AI 전환은 '협력 근육'을 기르는 일이다

서로의 역할이 무 자르듯 나뉜 프로젝트는 깔끔해 보이지만, 끝나고 나면 남는 게 없습니다. 반면, 서로의 영역을 침범하며 치열하게 논쟁했던 프로젝트는 비록 과정은 시끄러워도, 끝나고 나면 끈끈한 '협력의 근육'이 생깁니다. AI를 잘 쓰는 기업일수록 이 근육이 단단합니다. 성과를 독점하려는 욕심을 버리고, 책임을 나누려는 용기를 가질 때, AI는 특정 부서의 전유물이 아니라 조직 전체를 굴리는 강력한 엔진이 됩니다.

리더가 질문을 바꾸면 조직이 바뀐다

AI 프로젝트가 파일럿 단계에서 멈추느냐, 아니면 전사적인 혁신으로 이어지느냐는 결국 리더의 '한마디'에 달려 있습니다.

많은 임원이나 경영진이 AI를 "IT 부서나 데이터 팀이 알아서 할 일"이라고 생각합니다. 회의실에서 "요즘 AI가 핫하다는데 우리도 뭐 좀 해봐"라고 지시하고는, 본인은 다시 예전 방식대로 회의를 주재합니다. 리더가 AI를 '남의 일'처럼 이야기하는 순간, 직원들도 AI를 숙제로 여기게 됩니다.

AI가 조직 문화로 뿌리내리게 하려면, 리더가 먼저 변해야 합니다. 거창한 코딩을 배우라는 것이 아닙니다. 질문의 방식을 바꾸는 것만으로도 충분합니다.

"내 감(感)으로는…" 대신 "데이터는 뭐라고 합니까?" 회의실의 풍경을 떠올려 보십시오. 보통 목소리 큰 임원이 "내가 해봐서 아는데, 이번엔 이쪽으로 가는 게 맞아"라고 경험칙을 내세우면, 실무자가 가져온 수백 페이지의 데이터 분석 자료는 무용지물이 됩니다.

이제 리더는 자신의 감(感)을 내려놓고 이렇게 물어야 합니다. "그 주장을 뒷받침하는 데이터가 있습니까?", "AI 예측 모델은 이 상황을 어떻게 보고 있습니까?"

리더가 회의 때마다 집요하게 데이터와 AI의 의견을 물어보면, 직원들은 보고서를 쓸 때 직관이 아닌 데이터를 찾게 됩니다. 말로만 떠들기 전에 대시보드에 띄워진 실적 현황과 AI 예측치를 다 같이 확인하고 논의를 시작해 보십시오. 리더의 질문이 바뀌면, 조직이 답을 찾는 방식이 바뀝니다.

◆ AI는 특정 부서의 일이 아니라, 우리 모두의 일이다

"AI 도입은 IT 본부장이 책임지세요." 이 말은 가장 위험합니다. AI를 IT 부서의 전유물로 가두는 순간, 영업팀과 마케팅팀은 "우리는 IT가 만들어준 걸 쓰기만 하면 되는구나"라고 생각하며 방관자가 됩니다.

리더는 명확한 메시지를 줘야 합니다. "AI는 IT 부서의 프로젝트가 아니라, 우리 회사가 일하는 방식 그 자체입니다." 영업 본부장은 영업 데이터를 어떻게 AI로 분석할지 고민해야 하고, 인사 담당 임원은 채용 과정에 AI를 어떻게 녹일지 고민해야 합니다. 각 부서장이 자신의 영역에서 AI 활용의 주체(Owner)가 되도록 독려하십시오.

◆ 관찰자가 아닌 '사용자'가 되기

직원이 AI를 활용해 만든 보고서를 가져왔을 때, "이거 AI가 쓴 건가? 신기하네"라며 관찰자처럼 평하지 마십시오. 대신 "AI가 분석한 이탈 원인이 흥미롭군. 이걸 바탕으로 우리가 뭘 해야 할까?"라며 결과를 활용하는 사용자의 모습을 보여주십시오. 리더가 AI를 신뢰하고 비즈니스 파트너로 대우할 때, 직원들도 AI를 믿고 따르기 시작합니다.

결국 AI 전환의 리더십은 기술적 전문성이 아니라, 변화를 수용하고 지속시키는 태도에서 나옵니다. 리더 여러분, 오늘 회의부터 질문을 바꿔보십시오. 그 작은 변화가 거대한 혁신의 시작입니다.

결국, 우리는 더 인간다운 일을 하게 될 것이다

책을 마무리하며, 어쩌면 조금은 솔직하기 어려운 우리 마음속의 두려움과 기대를 꺼내보려 합니다.

AI 시대를 맞이하는 사람들의 마음은 복잡합니다. 한편으로는 "AI가 내 일자리를 빼앗으면 어쩌지?"라는 생존의 공포를 느끼면서도, 다른 한편으로는 "이제 지긋지긋한 야근에서 벗어나 주 4일제를 누릴 수 있지 않을까?" 하는 달콤한 기대를 품기도 합니다.

하지만 냉정하게 현실을 들여다보면, 어쩌면 우리가 일하는 시간 자체는 줄어들지 않을지도 모릅니다. 기술이 발전한다고 해서 기업의 목표가 낮아지지는 않기 때문입니다. 경쟁은 여전히 치열하고, 시장은 더 빠르게 변할 것입니다.

그렇다면 AI는 우리에게 무엇을 주는 걸까요?

우리는 그동안 너무 많은 시간을 반복과 확인, 그리고 의미 없는 일에 써 왔습니다. AI는 그런 시간을 덜어내고 가치 있는 일에 집중하게 하며, 남들은 하지 못하는 나만이 할 수 있는 일과 내가 더 잘할 수 있는 일을 다시 구분하게 합니다. 그런 의미에서 AI가 주는 진짜 선물은, 일에 대한 진정한 보람과 자기만의 명확한 전문성입니다.

과거에는 혼자서 보고서 하나를 완성하는 데 3일이 꼬박 걸렸습니다. 자료를 찾고, 엑셀을 돌리고, 문장을 다듬느라 정작 중요한 '생각'을 할 시간은 부족했습니다. 하지만 이제 우리는 AI라는 비서에게 자료 조사를 시키고, 데이터 분석을 맡기고, 초안 작성을 지시합니다. 그 3일 동안 우리는 보고서 하나를 붙들고 씨름하는 것이 아니라, 10개의 프로젝트를 동시에 지휘하고, 기계가 할 수 없는 판단과 전략에 시간을 쏟게 될 것입니다.

이것이 바로 기업들이 꿈꾸는 '증원 없는 성장'의 본질입니다. 사람을 더 뽑지 않아도, 한 명의 직원이 AI라는 또 다른 직원과 함께 예전의 5명, 10명분의 성과를 거뜬히 해내는 세상. 결과적으로 사람 한 명이 감당할 수 있는 업무의 총량과 결과물의 깊이는 지금과는 비교할 수 없을 만큼 거대해질 것입니다.

하지만 단순히 더 많은 일을 하게 되는 것만은 아닙니다. 우리는 기계적인 반복 업무에서 해방되어, 더 의미 있고 가치 있는 일에 집중하게 될 것입니다. 단순히 데이터를 정리하는 작업은 기계에게 넘겨주고, 우리는 그 데이터 위에서 '무엇을 할 것인가'를 결정하고, 결과에 책임을 지며, 사람의 마음을 읽고 공감하는, 나만이 잘할 수 있는 진짜 '업'(業, Work)을 하게 될 것입니다. 그것은 기계가 아무리 똑똑해져도 흉내 낼 수 없는, 오직 인간만이 창출할 수 있는 고유한 가치 영역입니다.

그러니 AI를 두려워하지 마십시오. AI는 우리를 대체하는 것이 아니라, 우리가 더 가치 있는 일에 몰입하도록 돕는 가장 강력한 파트너가 될 것입니다. 지루한 노동의 시대가 가고, 가치 있는 성취의 시대가 오고 있습니다.

지금 당신의 책상 위에 놓인 그 도구가, 당신을 더 의미 있는 곳으로 안내해 줄 것입니다.

이제, 시작할 시간입니다.

우리 회사 AI 전환,
어떻게 시작할까?

초판 1쇄   2026년 3월 5일

지은이   이근형
발행인   김재홍
교정/교열   김혜린
디자인   박효은
마케팅   이연실

발행처   도서출판지식공감
등록번호   제2019-000164호
주소   서울특별시 영등포구 경인로82길 3-4 센터플러스 1117호(문래동1가)
전화   02-3141-2700
팩스   02-322-3089
홈페이지   www.bookdaum.com
이메일   jisikwon@naver.com

가격   23,000원
ISBN   979-11-5622-985-8 13500